生物分析与传感实验

陈 扬 姜 晖 编著

科学出版社

北京

内 容 简 介

本教材分为 7 章，共含有 33 个基础性实验。第 1 章介绍分析化学基本知识和操作；第 2 至 7 章分别为紫外-可见吸收光谱分析法、荧光光谱分析法、化学发光分析法、酶分析法和酶联免疫吸附分析法、电化学分析法和新分析方法。每种分析方法中简述了基本原理，并包含了数个典型、常用的实验，实验内容涉及化学、医学、生物、食品领域的实际应用，注重专业和实验能力的训练。新分析方法一章编写了一些近年来新出现的分析方法和技术的基础实验。

本教材可作为综合性大学，师范、工学、农学、医学类院校相关专业的实验教材，也可供从事分析、检验工作的技术人员参考。

图书在版编目（CIP）数据

生物分析与传感实验 / 陈扬，姜晖编著. -- 北京：科学出版社，2024. 9. -- ISBN 978-7-03-079451-2

Ⅰ. Q-33

中国国家版本馆 CIP 数据核字第 2024J3S423 号

责任编辑：胡治国/责任校对：宁辉彩
责任印制：赵 博/封面设计：陈 敬

科学出版社 出版

北京东黄城根北街 16 号
邮政编码：100717
http://www.sciencep.com

中煤（北京）印务有限公司印刷
科学出版社发行 各地新华书店经销

*

2024 年 9 月第 一 版 开本：720×1000 B5
2024 年 11 月第二次印刷 印张：6 3/4
字数：151 000

定价：39.80 元
（如有印装质量问题，我社负责调换）

前　言

生物医学工程是一门涉及生命科学、医学、化学、信息科学等多学科的交叉学科。生物信息的获取与应用是生物医学工程重要的研究方向，生物分子的分析与传感是生物信息获取与应用的重要手段。目前生物光谱技术、免疫分析、生物传感器、生物芯片和各种显微镜技术等构成了现代生物医学工程研究中不可缺少的技术平台，而这些方法和技术在传统教学内容上分属于生物、医学和电子信息学科等。生物分析与传感实验课程力图融合这些学科中重要的、常用的、新的分析与传感原理、方法和应用，提供适合生物医学工程发展、凸显生物医学工程特点的生物传感领域基础性的教学和科研训练。实验内容的选择上力图注重交叉学科的特色，注重实际应用与前沿的发展，注重专业、实验能力的培养。

本教材实验 4、6、10、14、16、19、22、25、28、29、30、32、33 由姜晖编写，其他部分和全书统稿由陈扬完成。

由于编者的学识水平有限，教材中难免会有疏漏和不足之处，恳请广大读者批评指正，以便以后的修订和完善。

编　者

2024 年 6 月

目　　录

第1章　分析化学基本知识和操作

1.1　玻璃器皿的洗涤、干燥和常用洗涤液

1.1.1　玻璃器皿的洗涤

玻璃器皿洗涤干净的标准：玻璃器皿光洁、透明，内外壁被水均匀地湿润、不挂水珠、晾干后表面没有水痕。

1. 水洗　用水和毛刷（试管刷、烧杯刷）刷洗玻璃器皿表面。水洗很难去除油污和有机物。

2. 去污粉、洗涤剂或肥皂液洗涤　可洗涤除去一般的油污和有机物。用毛刷蘸取去污粉或洗涤剂或肥皂液刷洗玻璃器皿表面，用自来水冲洗干净，再用装有蒸馏水或去离子水的洗瓶冲洗内壁 2～3 次。

3. 铬酸洗液洗涤　将待洗玻璃器皿的水沥干，倒入适量铬酸洗液，转动器皿使其内壁湿润，静置，反复湿润、静置，污垢去除后，洗液倒回原洗液瓶中（可继续使用），用自来水冲洗干净器皿。温热的铬酸洗液洗涤效果更好。污染严重的器皿可长时间（一昼夜）浸泡在带盖的洗液缸中，以免洗液吸水被稀释，取得好的洗涤效果。

4. 食人鱼（Piranha）溶液洗涤　将新制的 Piranha 溶液倒入玻璃器皿中，或将玻璃器皿放入 piranha 溶液中，放置一段时间，待清洗干净后取出用自来水冲洗干净。

5. 特殊溶剂、试剂洗涤　运用相似相溶的原理，根据污物（油脂、有机物）的性质，选择适当的有机溶剂（如乙醇、丙酮、乙醚、四氯化碳等）或试剂浸泡或擦洗污物。例如，用碘-碘化钾溶液（1 g 碘和 2 g 碘化钾溶于 100 mL 水中）洗涤硝酸银黑褐色污物；盐酸-乙醇（体积比 1:2）混合液能有效清洗有色物（铜盐、银盐、荧光物）污染的比色皿、容量瓶等。

6. 超声清洗　利用超声波清洗器产生的水流振荡和微小气泡在清洗物表面瞬间破裂产生的冲击作用达到清洗的效果。超声清洗适合复杂形状的物件和难以清洗的缝隙处的清洗。

无论采用何种方法清洗过的器皿，最后都要用自来水冲洗干净，再用蒸馏水或去离子水冲洗内壁 2～3 次后以备分析实验使用。

1.1.2　玻璃器皿的干燥

玻璃器皿可以自然晾干，或使用烘箱烘干，对需要快速干燥的器皿（比色皿、容量瓶等）可用电吹风吹干或加少量乙醇挥发干。

1.1.3　常用洗涤液

1. 铬酸洗液　配制：取 5 g 研细的重铬酸钾固体置于烧杯中，加 10 mL 水溶解后

（可加热），缓慢加入 90 mL 浓硫酸，边加边搅拌，溶液冷却后，储存于带塞的瓶中备用。常配制的比例为重铬酸钾（g）∶水（mL）∶浓硫酸（mL）= 1∶2∶18。因为重铬酸钾在浓硫酸中溶解度小，不加水溶解洗液效果差，且很快就失效变绿；水太多，洗液效果也不好。

注意事项：铬酸洗液是强氧化剂，腐蚀性强，使用时要注意安全，戴防护手套，穿实验服，以免损伤皮肤和衣服。铬酸洗液因含有浓硫酸，吸水性强，使用时最好将欲洗涤的器皿置于带塞的大口容器中浸泡，温热的铬酸洗液洗涤效果更好，浸泡完后，铬酸洗液转移到储存瓶中，可继续使用。只有当铬酸洗液用到变成绿色的时候（重铬酸还原成硫酸铬），才会失去去污能力，不再使用。

2. Piranha 溶液 配制：将 3 个体积的 30% 过氧化氢溶液缓缓加到 7 个体积的浓硫酸中混合而成。强氧化性溶液，主要用来清洁玻片表面的有机物。该混合物有很强的氧化性，可以彻底清除玻璃表面上的几乎所有有机物。

注意事项：现用现配，用多少配多少，不重复使用。使用后的 Piranha 溶液加水稀释后转移到废液桶里。配制时戴防护手套，穿实验服，最好在通风橱中进行。将 30% 过氧化氢溶液加入到浓硫酸中，体积比 3∶7，注意顺序不要加反。Piranha 溶液比较适合精洗，使用成本较高。

3. 王水（aqua regia） 配制：1 体积的浓硝酸加 3 体积的浓盐酸混合而成。王水是一种腐蚀性非常强、冒黄色雾气的液体，能够溶解金。

注意事项：王水极易变质，有氯气的气味，因此必须现用现制。配制和使用时戴防护手套，穿实验服，在通风橱中进行。

1.2　化学试剂的种类和保存

我国化学试剂按纯度和用途可分为：优级纯、分析纯、化学纯、实验纯（表 1-1），按不同的实验要求分为：高纯物质、基准试剂、生化试剂、光谱纯试剂、色谱纯试剂等（表 1-2）。

表 1-1　试剂的等级（按纯度和用途分类）

等级	含量	用途
优级纯（guaranteed reagent，GR）	一般＞99.8%	纯度高，杂质极少，用于精确分析和科学研究，有的可作为基准物质
分析纯（analytical reagent，AR）	一般＞99.7%	纯度略低于优级纯，适用于分析测试及各种科学研究
化学纯（chemical pure，CP）	一般＞99.5%	纯度较分析纯低，适用于工厂、学校一般性实验，不用作分析试剂
实验纯（laboratory reagent，LR）		纯度低于化学纯，高于工业品，不能用作分析试剂

表 1-2　试剂的等级（按不同的实验要求）

等级	用途
高纯（extra pure，EP）物质	配制标准溶液，包括超纯、高纯、特纯溶液

续表

等级	用途
基准试剂（primary standard /primary reagent）	直接配制标准溶液或作为标定溶液准确浓度的物质
生化试剂（biochemical reagent，BR）	配制生物化学溶液，不能含有某些成分
色谱纯试剂（gas /liquid chromatographic pure reagent）	纯度特别高，杂质不干扰色谱分析
光谱纯试剂（spectral pure reagent，SP）	某些杂质的量特别低，不干扰光谱分析

试剂的取用和保存很重要，取用和保存不当会造成试剂污染和变质失效。

取用的试剂，一定要有标签，是质量可靠的产品。从试剂瓶中取出的固体或液体，如果取多了，不能倒回原试剂瓶，以免污染整瓶试剂。取试剂的镍勺/匙使用前和使用后，一定擦干净后再取试剂，以免污染。取完试剂后应及时盖好瓶盖，不要张冠李戴产生污染。

分装的试剂要装在合格（合适材质、清洁、干燥）的瓶子中，及时贴上标签，写明试剂名称、等级/纯度、供应商、日期。

易潮解的试剂放在装有干燥剂（变色硅胶等）的干燥器或密封塑料盒中。易挥发的试剂放在密封的橱柜中。有毒、管制的试剂放在专人保管的试剂柜中。

1.3　分析实验用水、水的质量指标

1.3.1　分析实验用水

水是实验室中最常用的试剂。不同的实验需要使用不同级别的水，分析实验常用下面几种水。

1. 蒸馏水（distilled water）　蒸馏是一种利用混合液中各组分沸点不同，使低沸点组分蒸发再冷凝从而被分离出来的工艺。自然界中的水通常含有钙盐、镁盐、铁盐等多种盐，还含有机物、微生物、溶解的气体（如二氧化碳）和悬浮物等。用蒸馏方法可以除去水中不挥发的成分。经过蒸馏得到的水称蒸馏水，一次蒸馏水中会含有少量挥发性组分（氨、二氧化碳、有机物），要得到更纯的水，可在一次蒸馏水中加入碱性高锰酸钾溶液以除去有机物和二氧化碳，加入非挥发性的酸（硫酸或磷酸）使氨成为不挥发的铵盐，并进行二次或多次蒸馏得到很纯的水。由于玻璃中含有少量能溶于水的组分，因此进行二次或多次蒸馏时，要使用石英蒸馏器皿，所得的纯水也应保存在石英容器内。新鲜制备的蒸馏水是无菌的，长时间储存的蒸馏水会有繁殖的细菌等微生物。

2. 去离子水（deionized water）　应用离子交换树脂去除水中的阴离子和阳离子后获得的水称去离子水。去离子水中仍然存在可溶性的有机物。去离子水久放后也容易引起细菌的繁殖。

3. 超滤水（ultrafiltration water）　用不同孔径的微孔膜作为过滤器去除水中的杂质获得的水称超滤水。超滤（UF）膜能截留 0.001～5 μm 直径的颗粒，能去除各种颗粒、胶体粒子、有机物、细菌、分子量＞500 的大分子，但不能截留无机离子。常用的超滤膜有亲水的乙酸纤维素膜，耐酸的聚酰胺膜，耐高温、强碱和各种溶剂的聚四氟乙烯膜等。

4. 反渗水（reverse osmosis water）　把相同体积的稀溶液（如淡水）和浓溶液（如海水或盐水）分别置于一中间用半透膜阻隔的容器的两侧，稀溶液中的溶剂将自然地穿过半透膜，向浓溶液一侧流动，浓溶液一侧的液面会比稀溶液一侧的液面高出一定高度，形成一个压力差，达到渗透平衡状态，此种压力差即为渗透压。渗透压的大小决定于浓溶液的种类、浓度和温度，与半透膜的性质无关。若在浓溶液一侧施加一个大于渗透压的压力时，浓溶液中的溶剂会向稀溶液流动，此种溶剂的流动方向与原来渗透的方向相反，这一过程称为反渗透（reverse osmosis，RO）。反渗水生成的原理是水分子在压力的作用下，通过反渗透膜成为纯水，水中 95%～99%的溶解盐、胶体、细菌、病毒、细菌内毒素和大部分有机物等杂质被反渗透膜截留排出。利用反渗透膜能经济地制备超纯水。反渗透膜的质量决定了反渗水的纯度，不同厂家的反渗透膜的质量差异很大。

5. 超纯水（ultra-pure water）　实验室中超纯水的标准是 25℃下电阻率≥18 MΩ·cm。但超纯水在总有机碳（total organic carbon，TOC）、细菌、内毒素等指标方面要根据实验的要求来确定，如细胞培养实验对水中细菌和内毒素含量有要求，而高效液相色谱法（HPLC）分析则要求水中的 TOC 低。

1.3.2　水的质量指标

常用电阻率、总有机碳、内毒素、菌落数等指标评价水的质量。

1. 电阻率（electrical resistivity）　实验室水的级别可用水的电阻率衡量，水中无机离子越少，水的导电性越弱，电阻值越大，电阻率的单位为 MΩ·cm。水的理论最大电阻率为 18.3 MΩ·cm（25℃），一般自来水的电阻率为 1900 Ω·cm（25℃），一次蒸馏水（玻璃蒸馏器皿获得的）的电阻率为 0.35 MΩ·cm（25℃），二次蒸馏水（石英蒸馏器皿获得的）的电阻率为 1.5 MΩ·cm（25℃），一般离子交换水的电阻率为 0.5～1 MΩ·cm（25℃）。

2. 总有机碳（total organic carbon，TOC）　总有机碳是指水中碳的总浓度，反映水中氧化的有机化合物的含量，单位为 ppm 或 ppb。

ppm（parts per million）是用溶质质量占全部溶液质量的百万分比来表示的浓度，也称百万分比（10^{-6}）浓度。经常用于浓度非常小的场合下，与之相似的还有 ppb（parts per billion），十亿分比（10^{-9}）浓度。

3. 内毒素（endotoxin）　内毒素是指革兰氏阴性菌的脂多糖细胞壁碎片，单位 EU·mL^{-1}。革兰氏阴性菌死亡裂解或自溶会释放出内毒素，引起人体发热、白细胞减少等毒性反应，内毒素又称为"热原"。EU（endotoxin unit）称内毒素单位，1 EU 相当于一定量内毒素标准品产生的毒性。

4. 菌落数（colonies number）　菌落数是指在一定条件下（如需氧情况、营养条件、pH、培养温度和时间等）每克（或每毫升）检样所生长出的细菌菌落数，单

位为 $CFU \cdot g^{-1}$ 或 $CFU \cdot mL^{-1}$。CFU（colony forming unit）称菌落形成单位，含义是能形成菌落的单个菌体或聚集成团的多个菌体。理论上，一个活细菌经培养可形成一个菌落，但实际可能几个菌体聚集一起形成一个菌落，形成的菌落数低于活细菌数。

1.3.3　实验水的选用

默克-密理博（Merck-Millipore）公司把实验水分为 3 个等级（表 1-3），应用于不同的实验。

表 1-3　水的等级

残留物	参数/单位	3 级水	2 级水	1 级水
离子	电阻（M$\Omega \cdot$cm，25℃）	>0.05	>1.0	>18.0
有机物	TOC（ppb）	<200	<50	<10
病原体	内毒素（EU·mL^{-1}）	未要求	未要求	<0.03
微粒	微粒>0.2 μm（U·mL^{-1}）	未要求	未要求	<1
胶体	Si（ppb）	<1000	<1000	<10
细菌	菌落数（CFU·mL^{-1}）	<1000	<1000	<1

3 级水是最低等级的实验室用水，主要用于玻璃器皿的漂洗、水浴、灭菌釜、1 级实验室水系统的原料水等。2 级水主要用于一般实验，如缓冲液、pH 溶液和微生物培养基的配制、化学分析或合成试剂的配制、1 级实验室水系统、临床分析仪、细胞培养箱的用水等。1 级水主要用于关键的实验使用，如 HPLC 流动相制备、空白试验、气相色谱（GC）、HPLC、原子吸收（AA）、质谱（MS）和其他先进分析技术的样品稀释、哺乳动物细胞培养、体外受精的缓冲液和培养基的制备、分子生物学［聚合酶链反应（PCR）、DNA 测序］试剂、电泳和印迹溶液的制备等。

为了减少水不干净导致的污染，在条件允许的情况下，推荐使用更高等级的实验水进行实验。

1.4　分析天平与称量方法

1.4.1　分析天平

配制准确浓度的溶液，要求使用能称准至 0.1 mg 的分析天平（万分之一天平）称量；对 1 mg 左右的称量，要求使用能称准至 0.01～0.001 mg 的分析天平，以保证称量误差至少<1%。准确的称量除了要求使用恰当精度的天平外，还需使用恰当的称量方法。

1.4.2　称量方法

常用的称量方法有直接称量法和减量法。

1.直接称量法　对在空气中稳定（不吸湿、不氧化、不挥发）的样品，采用直接称量法。用镍勺/匙取样品放在称量盒/纸上称量后，全部转移到接收容器中或把样品直接称量在洁净、干燥的接收容器中。

图 1-1 减量法称量

2. 减量法 对在空气中不稳定（易吸湿、易氧化、易挥发）的样品，采用减量法。将样品放入称量瓶中，如图 1-1 所示从称量瓶中转移样品到接收容器中，转移直至达到欲称取的量，称取样品的量是称量瓶转移前和转移后的差。操作时要用纸条套住称量瓶身和盖头（图 1-1），不要直接用手拿取称量瓶，以免污染产生称量误差。

1.5　样品的采集和保存

分析工作通常取分析对象的一部分进行测定。代表分析对象的这一部分称样品（sample），从分析对象中采集样品的操作称采样（sampling）。

采集样品应具有代表性、典型性、适时性，还必须选择合适的器具和方法。

代表性是指采集的样品能代表被分析的对象。通常是充分均匀地采样，譬如分析对象是固体，应从不同的方向、高度随机采集，再混合均匀后按四分法进行缩分得到样品。若分析对象是液体，应充分混合后再采集部分作为样品。

典型性是指应根据检测的目的采集典型的样品。例如，对掺假食品的检测，应选择最可疑部分采样，而不能随机采样。

适时性是指某些样品的采集要及时、适时。例如，对污染源的检测，应在发生的时候及时检测；对食物中毒的检测，应立即赶赴现场采集引起中毒的可疑样品。

1.5.1　气体、液体、固体样品的采集和保存

采集低压/常压气体，一般先用吸气装置（如抽气泵）使取样器（盛气瓶/袋）产生真空，再吸入气体样品。采集高压气体，直接用取样器吸入气体样品。

对大量的液体，要采集不同深度、部位的液体，混匀后作为样品。

对大量的固体，采集不同部位的固体；对大块固体，粉碎均匀后，采集万分之三至千分之一的小样。

采集的样品应尽快分析。若样品不得不保存，应防止样品的挥发、分解和被污染，根据样品的性质，将样品装入清洁、干燥的试剂瓶/袋，采用密闭/低温/充氮/真空保存。

1.5.2　生物样品的采集和保存

常见的生物样品包括血液、尿液。

1. 血液样品

（1）血液的组成：血液主要由下列成分构成（图 1-2）。血液样品通常有全血、血浆、血清等。

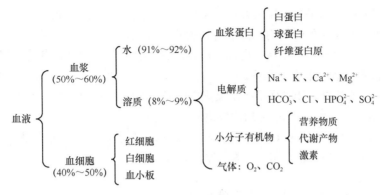

图 1-2 血液的组成

全血（whole blood）：直接来自生物体的血称全血。全血按抽取部位分静脉全血（来自肘前静脉、腕静脉等）、动脉全血（来自股动脉、肱动脉、桡动脉）、末梢全血（来自指端、耳垂）。

血浆（plasma）：全血中加入抗凝剂（阻止血液凝固），离心分离后的上层液体为血浆。由于不必等候血液凝固，可代替血清用于急诊检查。

血清（serum）：血液离体凝固后的上层液体为血清。血清是除去纤维蛋白原的血浆，显淡黄色，液体透明（图 1-3）。

（2）血液样品的采集：血液采集按采集部位分为毛细血管采血、静脉采血和动脉采血。毛细血管采血的部位如指端、耳垂、拇趾、足跟。静脉采血的部位如肘正中静脉。动脉采血的部位如桡动脉（最方便）、股动脉、肱（胳膊上从肩到肘的部分）动脉。采血可使用采血针、注射器、真空采血系统采集。

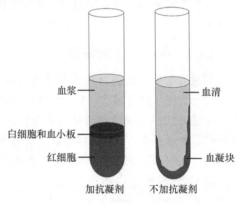

图 1-3 血浆和血清

全血和血浆样品需加入抗凝剂（anticoagulant）去除或抑制凝血因子的活性，以阻止血液凝固。常用抗凝剂（与血液中 Ca^{2+} 结合，阻止血液凝固）有乙二胺四乙酸盐、柠檬酸盐。

（3）血液样品的保存：用于血液分析仪测定的抗凝全血宜室温保存，不宜放在 4℃的冰箱中，低温会使血液成分和细胞形态发生变化。室温放置的时间不宜超过 8 h。

血清或血浆在 4℃冰箱中可保存 1 周时间，在 –20℃冰箱中可保存 1 个月时间，在 –70℃冰箱中可保存 3 个月以上时间。

2. 尿液样品

（1）尿液的组成：尿液的主要成分包括水 96%～97%，无机盐 1.1%（Na^+、K^+、Ca^{2+}、Cl^-、PO_4^{3-}、CO_3^{2-}、SO_4^{2-} 等），有机物（尿素 1.8%，尿酸 0.05%，少量糖、蛋白质、酶、性激素等）和脱落的细胞（如红细胞、白细胞、上皮细胞）。

（2）尿液样品的采集：尿液样品按采集时间分为晨尿、随机尿和计时尿，根据检验的要求，在相应的时间用洁净的容器收集。晨尿是指清晨起床后、未进早餐和做运动之前第一次排出的尿液。晨尿一般在膀胱中已存留 6～8 h，其各种成分较浓缩，住院患者最适宜采集晨尿样品。随机尿是指不受时间限制、随时排出的尿液。适合门诊、急诊检查。计时尿是指采集规定时间（如餐后 2～4 h 尿、24 h 尿）内的尿液得到的样品。适合化学成分的定量检测。

（3）尿液样品的保存：尿液样品应在采集后 2 h 内检验完毕。不能及时检验的，在冷藏条件下（4℃），避光加盖一般可保存 6 h。

1.6　测量数据的记录和处理

1.6.1　实验数据的记录和处理

实验数据应记录在专门的实验记录本上，而不要记在单页纸、书上、纸片上，以免丢失。数据应实事求是，严谨、科学、及时地记录，切勿伪造、拼凑、随意修改。

实验记录应记录日期、实验名称、室内温度和湿度。按照有效数字处理规则正确记录测量数值的位数，如用万分之一分析天平称量时，应记录至 0.0001 g，精确到 0.1 mL 的移液管，应记录至 0.01 mL。

1.6.2　实验方法的评价

测量方法的精密度可用重复实验/测量的变异系数（相对标准偏差）进行评价，即对同一份样品进行多次（3～20 次）测定，要求变异系数＜5%。

测量方法的准确度可用样品的回收率进行评价，即在待测试样中加入一定量的标准品作为样品 1，待测试样中加入等量的溶剂作为样品 2，同等条件下测定，计算回收率，回收率在 95%～105% 表明有高的准确度。

回收率 =［（样品 1 的量 − 样品 2 的量）/加入的标准量］×100%

1.6.3　实验报告的书写

实验报告一般包括实验名称、实验目的、实验原理、试剂和仪器、实验步骤、实验数据及处理。

1.7　实验室的安全要求和事故处理方法

1.7.1　实验室的安全要求

（1）实验室内严禁饮食，不用手直接接触化学试剂，实验完毕后须洗手。

（2）进入实验室须穿工作服，避免浓酸、浓碱、具有强烈腐蚀性的试剂溅在皮肤和衣服上。操作有毒、腐蚀性试剂时要戴一次性手套，避免身体直接接触。操作易溅出、紫外光照实验时要戴防护眼镜，避免伤害和意外。

（3）使用浓硝酸、浓盐酸、浓硫酸、浓高氯酸、浓氨水时，应在通风橱中操作，不允许直接加热。稀释浓硫酸时，应将浓硫酸慢慢倒入水中，而不能将水倒入浓硫酸中稀释。装过强腐蚀性、易爆或有毒试剂的容器，应及时清洗，清洗后的溶液倒入废液桶中，切勿倒入水槽。

（4）使用三氯甲烷、四氯化碳、苯、乙醚、丙酮等易挥发的、有毒的或易燃的有机溶剂时，应在通风橱中操作，远离火焰和热源，低沸点溶剂不能直接加热而应通过水浴加热。使用完后要将试剂瓶塞塞紧，放在阴凉处保存。用过的有机溶剂应倒入回收瓶或废液桶中，不要倒入水槽。

（5）使用汞盐、砷化物、氰化物等剧毒试剂时，除身体不直接接触外（穿工作服、戴防护手套）应特别小心。氰化物不与酸混合以免产生剧毒的 HCN，氰化物废液可倒入碱性亚铁盐溶液中转化成亚铁氰化物盐后再作废液处理，严禁直接倒入水槽或废液桶中。硫醇等或易产生硫化氢气体的试剂一定在通风橱中操作。

（6）浓、热的高氯酸（$HClO_4$）遇有机物易发生爆炸，加 $HClO_4$ 时须小心谨慎。蒸发多余的 $HClO_4$ 时，切勿蒸干，避免发生爆炸。

（7）实验过程中，不把固体物、玻璃碎片、滤纸等废弃物扔入水槽，以免堵塞下水道。

（8）实验完成后，应将实验台面整理干净。最后离开实验室时应仔细检查水、电、煤气、门、窗是否关好。

1.7.2　实验室的事故处理方法

（1）失火：小火用湿布、石棉布或灭火毯立即覆盖燃烧物；大火使用泡沫灭火器。衣服着火时，切勿惊慌乱跑，应立即脱掉衣服，或用灭火毯覆盖着火处，或浇水扑火。有机溶剂（乙醚、乙醇等）着火时，不能浇水灭火，以免扩大燃烧面，应用灭火毯或灭火器灭火。电器着火时，切勿浇水灭火以免触电，应先切断电源，再用四氯化碳灭火器。

（2）触电：首先切断电源，然后在必要时进行人工呼吸与急救。

（3）酸或碱液溅入眼内时，立即用大量自来水冲洗眼睛，再用 3% $NaHCO_3$ 溶液清洗酸液或 10% H_3BO_3 溶液清洗碱液，最后用水清洗。

（4）酸灼伤时，立即用水冲洗，再用 3% $NaHCO_3$ 溶液或肥皂水处理，碱灼伤时，水洗后用饱和 H_3BO_3 溶液清洗。苯酚或溴灼伤时，应立即用乙醇洗去苯酚或溴，再在受伤处涂抹甘油。

（5）吸入刺激性或有毒气体（HCl、Cl_2、Br_2、H_2S、CO）后，应立即到室外呼吸新鲜空气。Cl_2 和 Br_2 中毒时不可进行人工呼吸。

（6）摄入有毒物质时，可将 5～10 mL 5% $CuSO_4$ 溶液加到一杯温水中，内服后，把手指伸入咽喉部促使呕吐，吐出毒物，然后立即送医务室。

第2章 紫外-可见吸收光谱分析法

2.1 紫外-可见吸收光谱分析法概述

电磁辐射（光）按波长可分为如下区域（表2-1）。

表2-1 电磁辐射波长

区域	γ射线	X射线	光学区			微波	无线电波
			紫外区	可见光区	红外区		
波长范围	5～140 pm	10^{-3}～10 nm	远紫外 10～200 nm 近紫外 200～380 nm	380～780 nm	近红外 0.78～2.5 μm 中红外 2.5～25 μm 远红外 25～1000 μm	0.1 mm～1 m	>1 m

基于物质对 200～800 nm 波长范围内紫外-可见光吸收程度的一种分析方法，称紫外-可见吸收光谱分析法（ultraviolet and visible absorption spectrometry）或紫外-可见分光光度法（ultraviolet and visible spectrophotometry）。

物质吸收光的强度称吸光度。吸收波长相对其吸光度的曲线称吸收曲线或吸收光谱，曲线上的峰称吸收峰，吸收峰对应的波长称最大吸收波长（λ_{max}）。

物质对光的吸收具有选择性。当某种物质的分子受到光照射时，分子吸收光，分子中的电子发生跃迁，分子从基态变成了激发态，只有当入射光的能量（$h\nu$）与物质分子的激发态和基态能量差（ΔE）相等时，分子才能发生吸收，即 $\Delta E = E_{激发态} - E_{基态} = h\nu = h\dfrac{c}{\lambda}$，式中 h 为普朗克常量；ν 为光的频率；c 为光的速度；λ 为光的波长。

不同物质的分子有不同的分子结构，具有不同的量子化能级，所以吸收光的波长和强度不同，即吸收光谱不同，据此可以进行物质的定性和定量分析。

2.2 朗伯-比尔（Lambert-Beer）定律

物质的分子对光的吸收程度与该物质的浓度关系遵守朗伯-比尔定律。当一束波长为 λ 的单色光通过物质的溶液时，光被溶液中的分子吸收，透过光的强度减弱，透过光强度（I）与入射光强度（I_0）的比值称透光率（T），透光率的负对数称吸光度（A），吸光度表示了对入射光吸收的程度。

$$透射率 T = \frac{I}{I_0} \qquad 吸光度 A = -\lg T = -\lg \frac{I}{I_0}$$

朗伯-比尔发现物质对光的吸收与其浓度遵守下列规律

$$A = \varepsilon bc$$

式中，A 为吸光度；

　　c 为物质的浓度（$mol \cdot L^{-1}$）；

　　b 为光通过溶液的长度或比色皿的厚度（cm）；

　　ε 为该物质的摩尔吸光系数（$L \cdot mol^{-1} \cdot cm^{-1}$）。

　　摩尔吸光系数只与入射光波长、物质本身、温度、溶剂有关，在一定条件下是常数，装载溶液的比色皿厚度即光程也是定值，当溶液是稀溶液（$<0.01\ mol \cdot L^{-1}$）时，物质的浓度与其吸光度呈线性正比关系。

2.3　定量方法

2.3.1　目视比色法

　　目视比色法就是用眼睛比较待测溶液与标准溶液的颜色深浅来确定待测溶液的浓度/含量。目视比色法中有一套已知浓度的标准色阶，标准色阶通过将一系列已知浓度的待测样品的溶液经过显色、定容于相同的比色管中，形成一系列颜色的标准溶液构成。然后将待测溶液在同样的条件下显色，与标准溶液的颜色进行比较，根据颜色接近的程度估计出待测溶液的浓度。目视比色法不需要仪器设备，简单快速，测定不是十分准确，相对误差可达 5%～20%。

2.3.2　标准曲线法

　　测定一系列已知浓度的标准溶液的信号（吸光度、荧光强度等），以信号为纵坐标，浓度为横坐标，绘制的曲线称标准曲线［也称工作曲线或校正曲线（calibration curve）］。标准曲线遵守的方程可通过回归分析确定。在相同条件下测定待测样品溶液的信号，根据标准曲线（标准曲线方程）确定待测样品溶液的浓度，称标准曲线法。

2.3.3　标准加入法

　　基体（matrix）也称基质。分析样品中，除了分析物以外的所有其他物质或组分称为该分析物的基体。基体效应就是共存组分对测定待测组分的影响。例如，测定血清中的葡萄糖，除了葡萄糖，血清中所有其他成分构成基体，血清中所有其他成分对葡萄糖的测定结果可能存在干扰（使测定结果偏高或偏低），这就是基体效应的影响。

　　标准曲线法中，标准曲线是测定纯标准品获得的，不存在基体效应的影响，但测定样品时存在基体效应的影响。因此，在样品组成复杂、待测组分的含量又低的情况下，测定结果常受到基体效应的影响，造成结果偏高或偏低。标准曲线法不能反映基体效应产生的偏差。

　　标准加入法（又称直线外推法）能消除基体效应的影响。取待测样品的溶液等体积分成几份溶液，一份不加入待测组分的标准溶液，其余几份分别加入不同量的待测组分的标准溶液，定容至同一体积后，分别测定这些溶液的信号（吸光

度、荧光强度等），以信号强度（Y 轴）对加入的标准溶液的量（X 轴）作关系曲线
（图 2-1）。若待测样品中不含待测组分，曲线应通过坐标原点，信号都是加入的标准
溶液产生的；若曲线不过原点，则表明含有待测组分，Y 轴上的截距所对应的信号是
由待测组分产生的，X 轴上的截距即为样品中待测组分的含量。标准加入法消除了基
体效应对测定结果的影响，测定结果更可靠。

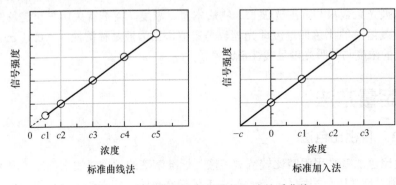

图 2-1　标准曲线法和标准加入法关系曲线

2.4　紫外-可见吸收光谱分析法实验

实验 1　KMnO$_4$ 紫外-可见吸收光谱的测定

一、实验目的

1. 掌握和验证朗伯-比尔定律。

2. 了解紫外-可见吸收光谱的测定方法。

3. 了解紫外-可见分光光度计的原理和使用方法。

二、实验原理

根据朗伯-比尔定律，在一定条件下，物质对光的吸收与其浓度成正比。

$$A = \varepsilon bc$$

式中，A 为吸光度；

c 为物质的浓度（mol·L^{-1}）；

b 为光通过溶液的长度或比色皿的厚度（cm）；

ε 为待测物质的摩尔吸光系数（L·mol^{-1}·cm^{-1}）。

因此，测定溶液的吸光度可以计算溶液的浓度，进行物质的定量分析。

三、实验仪器与试剂

1. 仪器　紫外-可见分光光度计、分析天平、容量瓶、移液器。

2. 试剂　KMnO$_4$（AR）、蒸馏水。

3. 溶液　KMnO$_4$ 溶液（4000 ppm）：称取 400 mg KMnO$_4$ 置于烧杯中，加少许水

溶解后，转移到 100 mL 容量瓶中，加水定容。

四、实验步骤

取 8 个 10 mL 容量瓶并编号，分别加入 5 mL 蒸馏水，用移液器分别移取 10 μL、20 μL、30 μL、40 μL、50 μL、60 μL、70 μL、80 μL KMnO₄ 溶液加入容量瓶中，加水定容配制成 4 ppm、8 ppm、12 ppm、16 ppm、20 ppm、24 ppm、28 ppm、32 ppm 的溶液。用紫外-可见分光光度计按由低到高的浓度顺序依次测定这些溶液的紫外-可见吸收光谱，记录最大吸收波长对应的吸光度，完成表 2-2。

表 2-2　KMnO₄ 溶液的吸光度

溶液编号	1	2	3	4	5	6	7	8
KMnO₄ 浓度（ppm）	4	8	12	16	20	24	28	32
吸光度								

五、实验数据处理

（1）将浓度与对应的吸光度数据导入 Origin 软件，绘制 KMnO₄ 的紫外-可见吸收光谱图。

（2）以 KMnO₄ 浓度对其吸光度作图，拟合回归方程，验证浓度与吸光度是否存在线性关系。

六、思考题

1. 溶液的浓度与其吸光度在什么条件下呈线性正比关系？

2. KMnO₄ 溶液的紫外可见吸收是如何产生的？

3. 紫外-可见分光光度计有哪些主要部件？

实验 2　紫外-可见分光光度法测定饮料中苯甲酸钠

一、实验目的

1. 了解苯甲酸钠的紫外吸收特征。

2. 学习标准曲线法定量分析苯甲酸钠的方法。

3. 掌握紫外-可见分光光度计的使用方法。

二、实验原理

苯甲酸钠（又称安息香酸钠），是食品工业上最常用的防腐剂之一。苯甲酸钠可以转化为苯甲酸，后者对酵母菌、霉菌和部分细菌的生长、繁殖具有抑制作用，能延长食品保质期。过量使用苯甲酸钠会对人体的肝脏产生危害，我国《食品安全国家标准 食品添加剂使用标准》（GB 2760—2014）规定，苯甲酸及其钠盐在碳酸饮料中的最大使用量为 0.2 g·kg⁻¹。苯甲酸钠具有芳香化合物的特征吸收带 E 带和 B 带，在 224 nm 和 272 nm 波长处有吸收，据此可对苯甲酸钠进行定性分析。根据朗伯-比

尔定律 $A = \varepsilon bc$，在一定条件下，苯甲酸钠的浓度与其吸光度成正比，测得苯甲酸钠的吸收度，通过标准曲线法可计算出饮料中苯甲酸钠的含量。

三、实验仪器与试剂

1. 仪器 紫外-可见分光光度计、分析天平、超声清洗器、容量瓶、移液器、烧杯。

2. 试剂 苯甲酸钠（AR，$C_7H_5NaO_2$，MW 144.10）、$0.1\ mol \cdot L^{-1}$ NaOH 溶液、蒸馏水、市售雪碧饮料。

3. 溶液 苯甲酸钠标准溶液。

四、实验步骤

1. 苯甲酸钠标准溶液的配制 准确称取干燥的（105℃干燥处理 2 h）10 mg 苯甲酸钠置于烧杯中，加水溶解，转移到 25 mL 容量瓶中，用水定容配制成 $400\ \mu g \cdot mL^{-1}$ 的苯甲酸钠标准溶液。取 5 个 25 mL 容量瓶并编号，分别加入 62.5 μL、125 μL、250 μL、375 μL、500 μL 的 $400\ \mu g \cdot mL^{-1}$ 的苯甲酸钠标准溶液，用水定容配制成 $1.0\ \mu g \cdot mL^{-1}$、$2.0\ \mu g \cdot mL^{-1}$、$4.0\ \mu g \cdot mL^{-1}$、$6.0\ \mu g \cdot mL^{-1}$、$8.0\ \mu g \cdot mL^{-1}$ 的苯甲酸钠标准溶液。

2. 苯甲酸钠标准曲线的测定 以水为参比，测定 5 个苯甲酸钠标准溶液的紫外-可见吸收光谱，记录最大吸收波长下的吸光度，每个溶液平行测定 3 次，取吸光度平均值，完成表 2-3。

表 2-3 苯甲酸钠标准溶液的吸光度

溶液编号	1	2	3	4	5
浓度（$\mu g \cdot mL^{-1}$）	1.0	2.0	4.0	6.0	8.0
吸光度					

3. 饮料中苯甲酸钠的测定 用移液器移取市售雪碧饮料 1.0 mL 到 25 mL 容量瓶中，加蒸馏水 10 mL，在超声清洗器中超声脱气 5 min 驱赶掉 CO_2 后，加入 $0.1\ mol \cdot L^{-1}$ NaOH 溶液 0.5 mL，加蒸馏水定容。测定饮料样品在最大吸收波长 224 nm 处的吸光度，平行测定 3 次，取平均值。

4. 加标回收率测定 移取市售雪碧饮料 1.0 mL 2 份，分别加到 2 个 25 mL 容量瓶中，各加蒸馏水 10 mL，在超声清洗器中超声脱气 5 min 驱赶 CO_2 后，分别加入 $0.1\ mol \cdot L^{-1}$ NaOH 溶液 0.5 mL，分别加入步骤 1 中 $400\ \mu g \cdot mL^{-1}$ 的苯甲酸钠标准溶液 0.25 mL 和 0.50 mL，加蒸馏水定容。测定样品在最大吸收波长 224 nm 处的吸光度。

五、实验数据处理

以苯甲酸钠的浓度为横坐标，吸光度为纵坐标绘制苯甲酸钠的标准曲线，拟合回归方程并求得相关系数 R^2。

根据标准曲线和样品的吸光度，计算饮料中苯甲酸钠的含量和加标回收率，完成表 2-4。

$$加标回收率 = [(加标测出量 - 样品中含量)/加入的标准量] \times 100\%$$

表 2-4　饮料中苯甲酸钠及其加标回收率的测定

饮料	样品中含量（$\mu g \cdot mL^{-1}$）	加入的标准量（$\mu g \cdot mL^{-1}$）	加标测出量（$\mu g \cdot mL^{-1}$）	加标回收率（%）
雪碧 1		4.0		
雪碧 2		8.0		

六、思考题

1. 苯甲酸钠的吸收来自分子什么能级的跃迁？

2. 碳酸饮料样品中 CO_2 对测定结果有无影响？

3. 什么情况下要测定回收率？回收率说明了什么？

实验 3　邻二氮菲紫外-可见分光光度法测定 Fe^{2+}

一、实验目的

1. 了解邻二氮菲测定铁的原理和方法。

2. 了解紫外-可见分光光度法测定的试验条件。

二、实验原理

邻二氮菲（也称邻菲啰啉，1,10-二氮菲）在 pH 2～9 的溶液中，能与 Fe^{2+} 形成稳定的橙红色配合物（图 2-2），配合物的累积形成常数高达 $lg\beta_3 = 21.3$，最大吸收波长 510 nm 处的摩尔吸光系数为 $1.1 \times 10^4 \ L \cdot mol^{-1} \cdot cm^{-1}$。

$$2Fe^{3+} + 2NH_2OH \cdot HCl \longrightarrow 2Fe^{2+} + N_2 + 2H_2O + 4H^+ + 2Cl^-$$

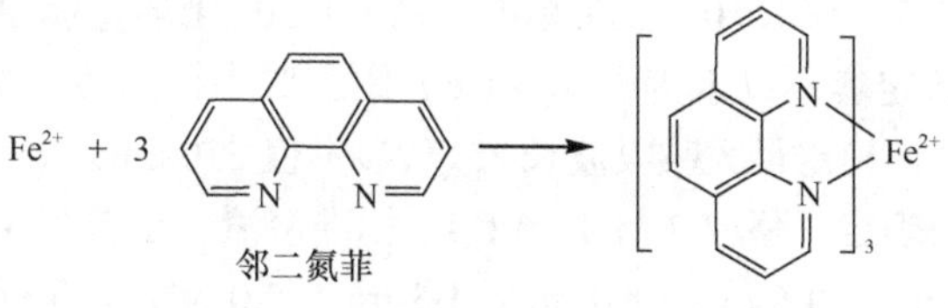

盐酸羟胺

图 2-2　邻二氮菲测定铁的反应

生成的配合物较稳定，在还原剂存在下，颜色可保持数月不变。配合物颜色的深浅程度（吸光度）与 Fe^{2+} 的量成正比，因此，测定配合物的吸光度可测定 Fe^{2+} 的含量。Fe^{3+} 也能与邻二氮菲形成 1∶3 的淡蓝色配合物，$lg\beta_3 = 14.1$，为避免干扰，在显色反应前，可将 Fe^{3+} 全部还原成 Fe^{2+}。

三、实验仪器与试剂

1. 仪器　紫外-可见分光光度计、pH 计或精密 pH 试纸、容量瓶、移液器、烧杯。

2. 试剂　$NH_4Fe(SO_4)_2 \cdot 12H_2O$（AR，MW 482.19）、邻二氮菲（AR，CAS No. 66-

71-7，$C_{12}H_8N_2$，MW 180.20）、乙酸钠（AR，CH_3COONa，MW 82.03）、氢氧化钠（AR）、浓盐酸（AR）、盐酸羟胺（AR，CAS No. 5470-11-1，$NH_2OH \cdot HCl$，MW 69.49）、去离子水、铁试样。

3. 溶液

（1）2 $mol \cdot L^{-1}$ 盐酸溶液：量取 10 mL 浓盐酸（12 $mol \cdot L^{-1}$）转移至试剂瓶中，加水至体积 60 mL。

（2）10% 盐酸羟胺溶液：称取 10 g 盐酸羟胺，溶于水后转移至试剂瓶中，加水至体积 100 mL，保存时间不超过 2 周。

（3）1 $mol \cdot L^{-1}$ 乙酸钠溶液：称取 8.2 g 乙酸钠溶于 100 mL 水中。

（4）0.1% 邻二氮菲溶液：称取 100 mg 邻二氮菲，用少量乙醇溶解，再用水稀释至 100 mL，避光保存。若溶液颜色变暗则不再使用。

（5）Fe 标准溶液（100 $\mu g \cdot mL^{-1}$）：称取 0.0863 g $NH_4Fe(SO_4)_2 \cdot 12H_2O$ 于 100 mL 烧杯中，加入 10 mL 2 $mol \cdot L^{-1}$ 盐酸溶液，溶解后转移至 100 mL 容量瓶中，定容至 100 mL。

（6）Fe 标准溶液 1：移取 10 mL 100 $\mu g \cdot mL^{-1}$ Fe 标准溶液于 100 mL 容量瓶中，加入 10 mL 盐酸羟胺溶液，混匀，放置 2 min，加入 5 mL 乙酸钠溶液，加水定容至 100 mL。

（7）Fe 标准溶液 2：移取 10 mL 100 $\mu g \cdot mL^{-1}$ Fe 标准溶液于 100 mL 容量瓶中，加入 5 mL 盐酸溶液，再加入 10 mL 盐酸羟胺溶液，混匀，放置 2 min，加入 3 mL 0.1% 邻二氮菲溶液，加水定容至 100 mL。

（8）0.2 $mol \cdot L^{-1}$ NaOH 溶液：称取 0.8 g NaOH 溶于 100 mL 水中，置于聚乙烯试剂瓶中保存。

四、实验步骤

1. 吸收曲线的测量 移取 10 mL Fe 标准溶液 1 于 50 mL 容量瓶中，加入 3 mL 0.1% 邻二氮菲溶液，加水定容。以水为参比，1 cm 比色皿为样品池，测定 440~600 nm 的紫外可见吸收光谱，确定最大吸收波长 λ_{max}（参考值 510 nm）。

2. 显色剂用量的确定 移取 7 份 10 mL Fe 标准溶液 1 于 7 个 50 mL 容量瓶中并编号，分别加入 0.3 mL、0.6 mL、1.0 mL、1.5 mL、2.0 mL、3.0 mL 和 4.0 mL 0.1% 邻二氮菲溶液，加水定容至 50 mL。以水为参比，1 cm 比色皿为样品池，测定这些溶液的吸光度，完成表 2-5。以加入邻二氮菲溶液的体积为横坐标，相应的吸光度为纵坐标，绘制曲线，确定最佳显色剂用量。

表 2-5 显色剂用量的确定

溶液编号	1	2	3	4	5	6	7
Fe 标准溶液 1（mL）	10	10	10	10	10	10	10
邻二氮菲溶液（mL）	0.3	0.6	1.0	1.5	2.0	3.0	4.0
水（mL）							
吸光度							

3. 最佳 pH 的确定　移取 7 份 10 mL Fe 标准溶液 2 于 7 个 50 mL 容量瓶中并编号，分别加入 3.0 mL、5.0 mL、5.5 mL、6.0 mL、6.2 mL、7.0 mL 和 9.0 mL NaOH 溶液，加水定容至 50 mL。以水为参比，1 cm 比色皿为样品池，在最大吸收波长 λ_{max} 下测定这些溶液的吸光度，并用精密 pH 试纸或 pH 计测量溶液的 pH，完成表 2-6。以溶液的 pH 为横坐标，相应的吸光度为纵坐标，绘制曲线，确定最佳反应的 pH。

表 2-6　最佳 pH 的确定

溶液编号	1	2	3	4	5	6	7
Fe 标准溶液 2（mL）	10	10	10	10	10	10	10
NaOH 溶液（mL）	3.0	5.0	5.5	6.0	6.2	7.0	9.0
溶液 pH							
吸光度							

4. 反应完全的时间测定　在最大吸收波长 λ_{max} 下，分别测定步骤 1 的溶液在配制完成后 1 min、2 min、5 min、10 min、20 min、30 min、60 min 的吸光度，完成表 2-7。以显色反应的时间为横坐标，相应的吸光度为纵坐标，绘制曲线，确定显色反应的最佳时间。

表 2-7　反应完全的时间测定

反应时间（min）	1	2	5	10	20	30	60
吸光度							

5. 标准曲线的测定　移取 10 mL Fe 标准溶液于 50 mL 容量瓶中，加入 10 mL 盐酸羟胺溶液，混匀，放置 2 min，加水定容成 20 μg·mL^{-1} 的 Fe 标准溶液。取 5 个 50 mL 容量瓶并编号，分别加入 20 μg·mL^{-1} Fe 标准溶液 1 mL、2 mL、3 mL、4 mL、5 mL，再各加入 3 mL 0.1% 邻二氮菲溶液和 5 mL 乙酸钠溶液，加水定容至 50 mL。以水为参比，1 cm 比色皿为样品池，在 λ_{max} 下测定这些溶液的吸光度，完成表 2-8。

表 2-8　标准曲线的测定

溶液编号	1	2	3	4	5
Fe 标准溶液浓度（μg·mL^{-1}）					
吸光度					

6. 未知铁样的测定　移取 5 mL 未知铁样溶液于 100 mL 容量瓶中，加入 10 滴盐酸溶液，加水定容。移取 10 mL 稀释后的铁样溶液于 50 mL 容量瓶中，加入 5 滴盐酸溶液和 1 mL 盐酸羟胺溶液，混匀，放置 2 min，加入 3 mL 0.1% 邻二氮菲溶液和 5 mL 乙酸钠溶液，加水定容。以水为参比，1 cm 比色皿为样品池，在 λ_{max} 下测定溶液的吸光度，平行测定一次，取吸光度的平均值。

五、实验数据处理

（1）以铁的浓度为横坐标，相应的吸光度为纵坐标，绘制标准曲线，拟合回归

方程和相关系数 R^2。

（2）根据测得样品的吸光度和标准曲线计算未知铁样的含量。

六、思考题

1. 测定铁样时，加入盐酸羟胺的作用是什么？

2. 什么是参比溶液？使用参比溶液的目的是什么？

3. 实验中，哪些溶液要使用分析天平和容量瓶精确配制？哪些溶液不需要那么精确，可使用台秤和量筒配制？

实验4　紫外-可见分光光度法测定火腿肠中亚硝酸盐含量

一、实验目的

1. 掌握食品中亚硝酸盐含量的紫外-可见分光光度法检测原理和实验方法。

2. 熟悉紫外-可见分光光度计的使用方法。

3. 了解复杂样品的前处理方法。

二、实验原理

亚硝酸盐是肉类制品中常见的发色剂，但也是致癌物质亚硝胺的前体，因此对食品中亚硝酸盐含量的检测和严格控制意义重大。紫外-可见分光光度法检测亚硝酸盐含量的步骤是：样品经沉淀蛋白质、除去脂肪后，在弱酸性条件下，亚硝酸盐与对氨基苯磺酸发生重氮化反应生成重氮盐，然后与 N-1-萘基乙二胺耦合生成紫红色偶氮化合物（图2-3）。在550 nm波长下测定吸光度，用标准曲线法定量。

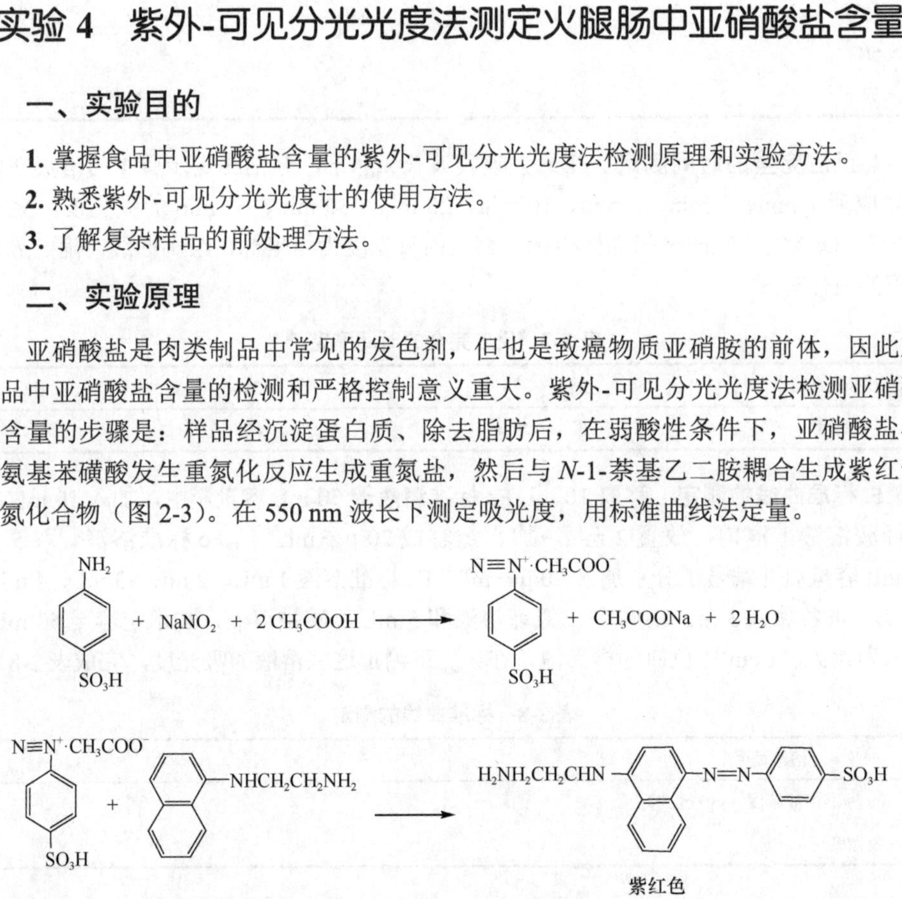

图2-3　测定亚硝酸盐的反应

三、实验仪器与试剂

1. 仪器　紫外-可见分光光度计、分析天平、玻璃匀浆器、吹风机、容量瓶、烧杯、漏斗。

2. 试剂与材料　氯化铵（NH_4Cl，MW 53.49）、浓氨水（$NH_3 \cdot H_2O$，25%～28%，MW 35.04）、氢氧化钠（NaOH，MW 40.00）、盐酸（HCl，36.5%，MW 36.46）、硫

酸锌（$ZnSO_4 \cdot 7H_2O$，MW 287.55）、对氨基苯磺酸（$C_6H_7NO_3S$，MW 173.19）、N-1-萘基乙二胺（$C_{12}H_{14}N_2$，MW 186.25）、亚硝酸钠（$NaNO_2$，MW 69.00）、冰醋酸（$C_2H_4O_2$，MW 60.05）均为分析纯。水用蒸馏水。火腿肠（来自超市）作为样品。

材料：保鲜膜、离心管、广范 pH 试纸（pH 1～14）。

3. 溶液

（1）0.37 mol·L^{-1} 氯化铵缓冲溶液（pH 10）：称取 20 g 氯化铵，用水溶解，加 100 mL 浓氨水，用水稀释至 1000 mL。

（2）0.42 mol·L^{-1} 硫酸锌溶液：称取 120 g 硫酸锌（$ZnSO_4 \cdot 7H_2O$），用水溶解，并稀释至 1000 mL。

（3）0.5 mol·L^{-1} 氢氧化钠溶液：称取 3.4 g 氢氧化钠，用水溶解，并稀释至 170 mL。

（4）0.5 mol·L^{-1} 盐酸：取 4.66 mL 浓盐酸，加水缓慢稀释至 110 mL。

（5）4 g·L^{-1} 对氨基苯磺酸溶液：称取 1.0 g 对氨基苯磺酸，溶于 175 mL 水和 75 mL 冰醋酸中，置于 250 mL 棕色瓶中混匀，室温保存。

（6）1 g·L^{-1} N-1-萘基乙二胺溶液：称取 0.1 g N-1-萘基乙二胺，加 70 mL 水和 30 mL 冰醋酸溶解，混匀后置于 100 mL 棕色瓶中，在冰箱中保存，1 周内使用。

（7）显色剂：临用前将 N-1-萘基乙二胺溶液和对氨基苯磺酸溶液等体积混合。

（8）亚硝酸钠标准储备液（500 μg·mL^{-1}）：准确称取 250.0 mg 于硅胶干燥器中干燥 24 h 的亚硝酸钠，加蒸馏水溶解，移入 500 mL 容量瓶中，加 100 mL 氯化铵缓冲溶液，用蒸馏水稀释至刻度，摇匀，在 4℃避光保存。

（9）亚硝酸钠标准溶液（5.0 μg·mL^{-1}）：临用前，吸取亚硝酸钠标准储备液 1.0 mL，置于 100 mL 容量瓶中，加蒸馏水稀释至刻度。

（10）60%（V/V）乙酸溶液：取 60 mL 冰醋酸，加水缓慢稀释至 100 mL。

四、实验步骤

1. 熟肉制品样品处理

（1）准确称取 3～4 g 样品搅碎置于玻璃匀浆器，加 28 mL 水和 4.8 mL 0.5 mol·L^{-1} 氢氧化钠溶液匀浆，注意避免液面漫出匀浆器。

（2）用 0.5 mol·L^{-1} 盐酸或 0.5 mol·L^{-1} 氢氧化钠溶液调至 pH 8（盐酸约 3 mL）。

（3）用少量水多次冲洗匀浆器，洗液并入烧杯，体积不超过 50 mL。

（4）向烧杯中加入 4 mL 0.42 mol·L^{-1} 硫酸锌溶液，摇匀，此时应产生白色沉淀。

（5）将烧杯覆盖保鲜膜后置 60℃水浴中加热 10 min，取出烧杯，冷至室温。

（6）加蒸馏水稀释至 60 mL，摇匀，放置 30 min。

（7）用蒸馏水润湿后的滤纸过滤，弃去初滤液 10 mL，收集滤液备用。

2. 标准曲线的测定

（1）分别移取 0 mL、0.05 mL、0.10 mL、0.20 mL、0.30 mL、0.40 mL、0.50 mL 亚硝酸钠标准溶液于 7 个 4 mL 离心管中。

（2）在离心管中再分别加入 0.45 mL 氯化铵缓冲溶液、0.25 mL 60% 乙酸溶液后，加蒸馏水稀释至总体积 2.0 mL。

（3）加入 0.5 mL 显色剂，立即混匀，在暗处静置 15 min。

（4）将待测液置于 1 cm 比色皿中，以空白试剂为参比，测定 550 nm 波长处的吸光度。

3. 样品测定

（1）在 4 mL 离心管中，吸取 1.00 mL 样品滤液，加入 0.45 mL 氯化铵缓冲溶液、0.25 mL 60% 乙酸后，加蒸馏水稀释至 2.0 mL。

（2）加入 0.5 mL 显色剂，立即混匀。以空白试剂为参比，测定 550 nm 波长处的吸光度。样品平行测定 3 次，取平均值。

五、注意事项

（1）采集的样品最好当天及时测定，如果不能及时测定，密封、避光和低温保存。

（2）试样制备尽量在避光下迅速操作。

（3）样品处理时加热是为了进一步除去脂肪、沉淀蛋白质。若加热时间过短，蛋白质沉淀剂不能充分与样品反应；若加热时间过长，又易使亚硝酸盐分解生成氧化氮和硝酸，使测得结果偏低。因此，应控制好加热时间。

（4）亚硝酸钠吸湿性强，在空气中易被氧化成硝酸钠，因此亚硝酸钠应在硅胶干燥器中干燥 24 h 或经 115℃ ± 5℃ 真空干燥至恒重。标准溶液配制过程中适当加入氯化铵缓冲溶液，保持弱碱性环境，以免形成亚硝酸挥发。

（5）配好的标准溶液置于 4℃ 冰箱密闭保存。

六、实验数据处理

以测定标准曲线的吸光度为纵坐标，亚硝酸钠的质量（μg）为横坐标，绘制标准曲线，进行线性回归，得回归方程和相关系数。根据该方程确定样品滤液中亚硝酸钠的质量，以平均值 ± 标准差表示。

根据测出的样品管吸光度值，从标准曲线上查出对应的样品管中亚硝酸钠的质量，并按下式计算样品中亚硝酸盐含量（以亚硝酸钠计）：

$$C = \frac{m_2 \times 1000}{m_1 \times \dfrac{V_2}{V_1} \times 1000}$$

式中，C 为样品中亚硝酸盐含量（$mg \cdot kg^{-1}$）；

　　m_1 为样品质量（g）；

　　m_2 为测定用样液中亚硝酸钠的质量（μg）；

　　V_1 为样品处理液总体积（mL）；

　　V_2 为测定用样液体积（mL）。

参考值：国家标准要求火腿肠亚硝酸盐含量 ≤ 30 $mg \cdot kg^{-1}$。

七、思考题

1. 为什么要及时测定试样中亚硝酸盐含量？如不能及时测定，为什么必须密闭、避光和低温保存？

2. 配制亚硝酸盐标准溶液时应注意什么？

3. 空白试剂由什么构成？为什么要用空白试剂作为参比？

实验 5　邻甲酚酞络合酮紫外-可见分光光度法测定血清中总钙

一、实验目的

1. 掌握邻甲酚酞络合酮紫外-可见分光光度法测定血清中钙的原理。

2. 学习用标准加入法定量分析血清中钙的方法。

二、实验原理

钙是人体中含量最高的金属元素，占人体总重的 1.5%～2.0%。钙是骨骼的主要成分，人体中 99% 的钙以磷酸钙和碳酸钙的形式存在于骨骼中。血液中钙含量甚微，全部在血清中，血细胞内几乎无钙。血清中的钙 40% 与血浆蛋白结合，不能进入组织间隙，是非扩散钙；60% 是扩散钙，其中一部分是与柠檬酸、碳酸氢根等络合的复合钙，另一部分是发挥生理作用的游离钙，约占血清总钙的 45%。血清钙是非扩散钙和扩散钙的总和，两者处于动态平衡。钙离子与钾离子、钠离子一样广泛分布在体内，直接参与维持神经兴奋及血液凝固等重要生理过程。缺钙能引起骨质疏松、高血压、动脉硬化、糖尿病和心血管病等多种疾病。血液中钙浓度是重要的监测指标，对人体血钙浓度的测定具有重要意义。测定血清中钙的方法有比色法、酶法、色谱法、原子吸收光谱法和钙离子选择电极法等。比色法是一种简便的方法，在临床检验中已得到广泛应用。

邻甲酚酞络合酮比色法测定血清中钙是利用络合剂邻甲酚酞络合酮（*o*-cresolphthalein complexone，OCPC）与钙离子、镁离子络合生成紫红色的螯合物（图 2-4），最大吸收波长在 575 nm。加入 8-羟基喹啉可以掩蔽镁离子，消除镁的干扰。

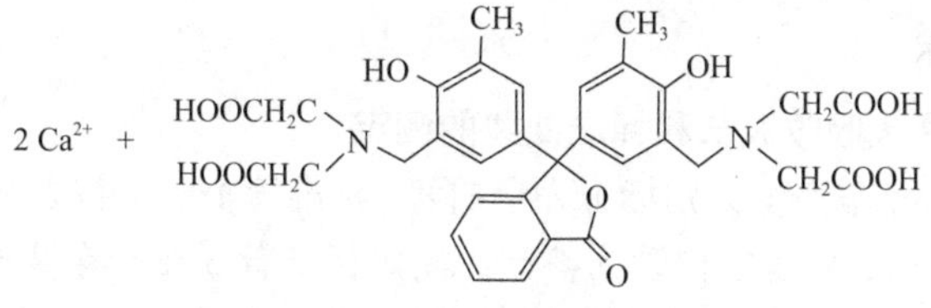

邻甲酚酞络合酮

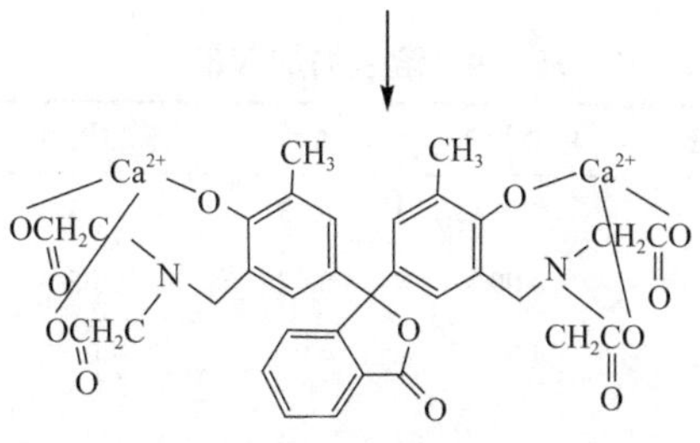

紫红色

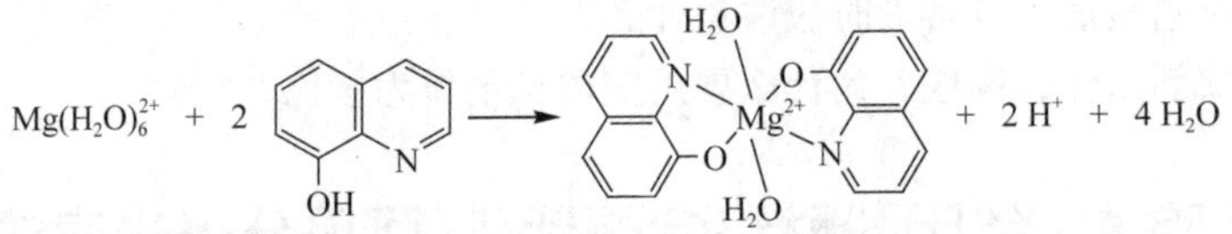

图 2-4　邻甲酚酞络合酮测定钙的反应

三、实验仪器与试剂

1. 仪器　紫外-可见分光光度计、分析天平、烧杯、容量瓶、移液器、试管等。

2. 试剂　邻甲酚酞络合酮（CAS No. 2411-89-4，$C_{32}H_{32}N_2O_{12}$，MW 636.6）、8-羟基喹啉（CAS No. 148-24-3，C_9H_7NO，MW 145.16）、浓盐酸、2-氨基-2-甲基-1-丙醇（2-amino-2-methyl-1-propanol，AMP，CAS No. 124-68-5，$C_4H_{11}NO$，MW 89.14）、碳酸钙（MW 100.08）、乙酸铵、Triton X-100、超纯水，试剂均为分析纯。

3. 溶液

（1）邻甲酚酞络合酮溶液（50 μg·mL^{-1}）：称取 8-羟基喹啉 100 mg 于小烧杯中，加浓盐酸 1 mL 使其溶解并转入 100 mL 容量瓶中，加入邻甲酚酞络合酮 5 mg，待完全溶解后，加入 200 μL Triton X-100，混匀，加水至刻度。作为溶液 1。

（2）AMP 缓冲液（1 mol·L^{-1}）：称取 2-氨基-2-甲基-1-丙醇 8.91 g，置于 100 mL 容量瓶中，加 50 mL 水溶解，待完全溶解后，加水至刻度，室温保存。作为溶液 2。

（3）显色液：上述溶液 1 和溶液 2 等体积混合，使用时混合配制。

（4）500 g·L^{-1} 乙酸铵溶液：称取乙酸铵 50 g 置于小烧杯中，加 100 mL 水溶解后，转移至试剂瓶中。

（5）钙标准溶液（2.5 mmol·L^{-1}）：精确称取 110℃干燥 4 h 的碳酸钙 25 mg 置于小烧杯中，加 9 mL 水及 1 mL 浓盐酸溶解后，转移至 100 mL 容量瓶中，加水约 80 mL，然后用 500 g·L^{-1} 乙酸铵溶液调至 pH 至 7.0，最后加水定容至 100 mL。

所有溶液均采用超纯水配制。

四、实验步骤

1. 显色反应的最大吸收波长和标准曲线的测定

（1）取 6 支 10 mL 试管，分别标记为空白管、标准管 1～5，按表 2-9 配制完成后，充分混合，放置 10 min 后以空白管为参比，测定标准管 3 在一定波长范围内的紫外可见吸收光谱，选取邻甲酚酞络合酮与钙离子螯合物的最大吸收波长（575 nm）。

表 2-9　溶液的加入量

溶液	空白管	标准管 1	标准管 2	标准管 3	标准管 4	标准管 5
钙标准溶液（mL）	0	0.01	0.03	0.05	0.07	0.10
超纯水（mL）	0.10	0.09	0.07	0.05	0.03	0
显色液（mL）	4.0	4.0	4.0	4.0	4.0	4.0
吸光度						

（2）测定标准管 1、2、3、4、5 的吸光度值，计算回归方程。

2. 血清样品中钙含量的测定

（1）血清样品的制备：由人静脉采取血样约 2 mL 于干燥试管中，静置在 37℃水浴中约 2 h，待血清初步析出后以 3000 r/min 速度离心 15 min，析出的血清应为淡黄色透明液体。

（2）取 3 支 10 mL 试管，分别标记为测定管 1、2 和 3，按表 2-10 配制后，充分混合，放置 10 min 后以空白管为参比，测定溶液在 575 nm 处的吸光度。

表 2-10　溶液的加入量

溶液	空白管	测定管 1	测定管 2	测定管 3
血清液（mL）	0	0.05	0.05	0.05
钙标准溶液（mL）	0	0	0.01	0.02
超纯水（mL）	0.10	0.05	0.04	0.03
显色液（mL）	4.0	4.0	4.0	4.0

五、实验数据处理

血清钙（$mmol \cdot L^{-1}$）=（测定管吸光度/标准管 3 吸光度）×2.5

计算血清样品中钙含量、回收率、变异系数，与标准曲线法测得的血清钙含量比较。

血清钙参考值：成人 2.03～2.54 $mmol \cdot L^{-1}$（81.1～101.5 $mg \cdot L^{-1}$）；儿童 2.25～2.67 $mmol \cdot L^{-1}$（89.8～107.8 $mg \cdot L^{-1}$）

六、注意事项

（1）血清或肝素抗凝的血浆可作为测定用血样品，避免使用钙螯合剂如乙二胺四乙酸（EDTA）或草酸盐作抗凝剂的血样品。

（2）血清中铁离子的含量较低，其干扰可以忽略，必要时可加少量三乙醇胺掩蔽。

（3）实验中储放血液的离心试管应保持绝对干燥，以免引起溶血，使血清颜色变深，影响测定结果，如血清出现浑浊、黄疸或溶血时，需做校正试验，即将测定管的吸光度值减去加入 0.05 mL EDTA（5%）后所测值作为校正吸收值。

七、思考题

1. 什么是变异系数？表示什么？

2. 比较标准加入法与标准曲线法。

实验 6　氰化高铁血红蛋白（HiCN）紫外-可见分光光度法测定血液中血红蛋白

一、实验目的

1. 了解紫外-可见分光光度法测定血红蛋白的原理。

2. 掌握氰化高铁血红蛋白测定方法。

3. 了解血红蛋白测定的临床意义。

二、实验原理

血红蛋白（Hb）的分子量为 65 000，含有两个 α 亚基和两个 β 亚基，每个亚基含一个亚铁血红素，形成具有四级空间结构的四聚体，以利于结合 O_2 和 CO_2。血液中血红蛋白以各种形式存在，包括氧合血红蛋白、碳氧血红蛋白、高铁血红蛋白或其他衍生物。

血液在血红蛋白转化液中表面活性剂的作用下发生溶血后，非硫化的血红蛋白中的亚铁离子（Fe^{2+}）被高铁氰化钾 [$K_3Fe(CN)_6$] 氧化为高铁离子（Fe^{3+}），血红蛋白转化成高铁血红蛋白（Hi），Hi 再与氰化钾（KCN）中的氰离子结合生成稳定的棕红色氰化高铁血红蛋白（HiCN）（图 2-5）。HiCN 最大吸收峰在 540 nm，最小吸收谷为 504 nm。在特定条件下，HiCN 毫摩尔消光系数为 44 $L \cdot mmol^{-1} \cdot cm^{-1}$，HiCN 在 540 nm 处的吸光度与浓度成正比，根据测得的吸光度可求得血红蛋白浓度，此法称 HiCN 法。

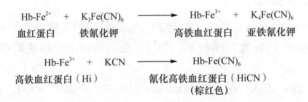

图 2-5　HiCN 法测定血红蛋白的反应

三、实验仪器与试剂

1. 仪器　紫外-可见分光光度计、石英比色皿、容量瓶、漏斗、离心管、烧杯、分析天平、试剂瓶等。

2. 试剂　碳酸氢钠（$NaHCO_3$，MW 84.01）、铁氰化钾 [$K_3Fe(CN)_6$，MW 329.24]、氰化钾（KCN，MW 65.12）、血红蛋白（MW 65000）、蒸馏水、血液样品。

3. 溶液　测定 HiCN 的试剂（文齐氏液）：称取碳酸氢钠 140 mg，铁氰化钾 200 mg，氰化钾 50 mg，用蒸馏水溶解并稀释到 1000 mL，贮存于棕色试剂瓶内。

50 $g \cdot L^{-1}$、100 $g \cdot L^{-1}$、150 $g \cdot L^{-1}$、200 $g \cdot L^{-1}$ 标准血红蛋白溶液：分别将 0.5 g、1.0 g、1.5 g、2.0 g 血红蛋白溶于 10 mL 水中，制成标准血红蛋白溶液。

四、实验步骤

1. 标准血红蛋白溶液测定

（1）配制浓度分别为 50 $g \cdot L^{-1}$、100 $g \cdot L^{-1}$、150 $g \cdot L^{-1}$、200 $g \cdot L^{-1}$ 的标准血红蛋白溶液 10 mL。

（2）分别测定浓度为 50 $g \cdot L^{-1}$、100 $g \cdot L^{-1}$、150 $g \cdot L^{-1}$、200 $g \cdot L^{-1}$ 的标准血红蛋白溶液的吸光度值。

2. 血液中血红蛋白的测定

（1）在一支试管中加入 5.0 mL HiCN 试剂，加入全血 20 μL，混合均匀后静置 5 min，使血红蛋白完全转化为氰化高铁血红蛋白。

（2）在紫外-可见分光光度计上，以蒸馏水或空白转化液作为参比溶液，测定血液样品在 540 nm 的吸光度值。

五、注意事项

（1）不要将测定 HiCN 的试剂放在聚乙烯瓶内，以免氰离子与其反应而使试剂作用降低。

（2）氰化钾有剧毒，须佩戴防护手套、口罩及护目镜，严格遵守安全规范。

六、实验数据处理

根据朗伯-比尔定律，浓度与吸光度成正比，

$$血红蛋白浓度（g \cdot L^{-1}）= \frac{A_u}{A_s} \times 标准血红蛋白浓度（g \cdot L^{-1}）$$

A_u 为血液样品的吸光度值。

A_s 为标准血红蛋白溶液测定的吸光度值。

正常参考值：成年男性血红蛋白 120～160 g·L^{-1}；成年女性血红蛋白 110～150 g·L^{-1}。

七、思考题

1. 参照临床指标，判断实验测得的血红蛋白含量是否在正常范围内？

2. 维持血红蛋白含量相对稳定有何生理意义？

第3章 荧光光谱分析法

3.1 荧光及其分析原理

一些物质受到光照射时，能发射出不同波长和强度的光。当照射光（称激发光）停止照射时，发射光也随之消失，这种现象称为荧光或光致发光。荧光是由于物质的分子或原子吸收光后，分子或原子中的电子从基态能级跃迁到激发态能级，再从激发态能级以发光形式返回到基态能级产生的。物质发射荧光的波长和强度主要取决于物质本身，不同的物质发射出不同波长和强度的荧光。在一定波长的激发光照射下，物质发射荧光的波长相对其强度的曲线称发射光谱或荧光光谱。根据物质发射荧光的波长和强度（也就是荧光光谱）进行物质鉴定和含量测定的方法称荧光光谱分析法。

根据光吸收遵循的朗伯-比尔定律：

$$A = -\lg T = -\lg \frac{I_t}{I_0} = \varepsilon bc \qquad T = e^{-2.3\varepsilon bc}$$

相应的吸光分数为：

$$1 - \frac{I_t}{I_0} = 1 - T = 1 - e^{-2.3\varepsilon bc}$$

$$I_0 - I_t = I_0(1 - e^{-2.3\varepsilon bc})$$

荧光强度（I_F）与相应的吸光分数呈正比：

$$I_F = \phi(I_0 - I_t) = \phi I_0(1 - e^{-2.3\varepsilon bc})$$

$$I_F = \phi I_0 \left(1 - 1 - \frac{(-2.3\varepsilon bc)}{1!} - \frac{(-2.3\varepsilon bc)^2}{2!} - \frac{(-2.3\varepsilon bc)^3}{3!} - \cdots - \frac{(-2.3\varepsilon bc)^n}{n!}\right)$$

对于稀溶液，当 $\varepsilon bc < 0.05$ 时，$I_F = 2.3\phi I_0 \varepsilon bc$

$$I_F = kc$$

式中，I_F 为荧光强度；

I_0 为入射光强度；

I_t 为透射光强度；

ϕ 为荧光量子产率；

k 为与仪器灵敏度有关的参数；

b 为吸收光程（cm）；

ε 为摩尔吸光系数（$L \cdot mol^{-1} \cdot cm^{-1}$）；

c 为荧光物质的浓度（$mol \cdot L^{-1}$）。

当激发光强度、波长、使用的溶剂、温度等条件固定时，物质在一定浓度范围内（稀溶液，吸光度 $\varepsilon bc < 0.05$），荧光发射强度与溶液的浓度呈线性正比关系（图 3-1），这是荧光光谱分析法定量的基础。高浓度的溶液由于存在自熄灭现象，荧光强度降低，与浓度不呈线性关系。

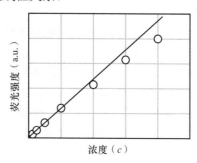

图 3-1　溶液的荧光强度与溶液的浓度呈线性正比关系

3.2　荧光光谱分析法实验

实验 7　荧光光谱和激发光谱的测定及吡啶二羧酸的测定

一、实验目的

1. 掌握荧光光谱和激发光谱及其测定方法。

2. 了解荧光强度与物质浓度的关系，标准曲线法测定物质含量的方法。

3. 了解荧光分光光度计的结构、使用方法。

二、实验原理

稀土 Tb^{3+} 的水溶液发光较弱，在配体吡啶二羧酸的存在下，生成强发光的配合物铽-吡啶二羧酸。图 3-2 是铽-吡啶二羧酸的激发光谱和发射光谱，489 nm、545 nm、584 nm 和 622 nm 处是 Tb^{3+} 的特征发射峰。

三、实验仪器与试剂

1. 仪器　荧光分光光度计、分析天平、标准石英比色皿、容量瓶、烧杯、移液器。

2. 试剂　硝酸铽［$Tb(NO_3)_3$·$6H_2O$，AR，CAS No. 13451-19-

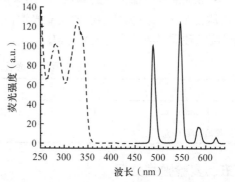

图 3-2　配合物铽-吡啶二羧酸的反应式、激发光谱（左边，虚线）和发射光谱（右边，实线）

9，MW 453.03]、2,6-吡啶二羧酸（AR，$C_7H_5NO_4$，CAS No. 499-83-2，MW 167.12）、超纯水。

四、实验步骤

1. 系列标准溶液的配制

（1）硝酸铽溶液（200 μmol·L^{-1}）：称取硝酸铽固体 4.53 mg 转移至小烧杯中，加入超纯水溶解后，转移至 50 mL 容量瓶中，定容至 50 mL。

（2）吡啶二羧酸溶液（200 μmol·L^{-1}）：称取 2,6-吡啶二羧酸固体 1.67 mg 转移至小烧杯中，加入超纯水溶解后，转移至 50 mL 容量瓶中，定容至 50 mL。

（3）铽-吡啶二羧酸配合物溶液（5 μmol·L^{-1}）：用移液器分别吸取上述 1.25 mL 硝酸铽溶液（200 μmol·L^{-1}）和 3.75 mL 吡啶二羧酸溶液（200 μmol·L^{-1}）至 50 mL 容量瓶中，加水定容至 50 mL。

（4）铽-吡啶二羧酸配合物系列标准溶液：在 7 支 50 mL 容量瓶中，分别吸取 5 μmol·L^{-1} 铽-吡啶二羧酸配合物溶液 0.25 mL、0.5 mL、1 mL、2 mL、4 mL、8 mL、16 mL，加水定容至 50 mL 配制成浓度分别为 0.025 μmol·L^{-1}、0.05 μmol·L^{-1}、0.1 μmol·L^{-1}、0.2 μmol·L^{-1}、0.4 μmol·L^{-1}、0.8 μmol·L^{-1}、1.6 μmol·L^{-1} 的铽-吡啶二羧酸配合物标准溶液。

2. 吡啶二羧酸样品溶液的配制

用移液器吸取 3.75 mL 未知浓度的吡啶二羧酸样品溶液至 50 mL 容量瓶中，加入 1.25 mL 上述硝酸铽溶液（200 μmol·L^{-1}），加水定容至 50 mL。

3. 荧光激发光谱和发射光谱的测定

（1）激发光谱的测定：取 1.6 μmol·L^{-1} 的铽-吡啶二羧酸配合物标准溶液加入到比色皿中，设定一激发波长（在 200～300 nm 范围内），在 350～650 nm 范围内扫描记录发射光谱，依据发射光谱确定最大发射波长 λ_{em}；以最大发射波长 λ_{em} 为观察波长，设定适当的波长扫描范围，测定激发光谱。

（2）发射光谱（荧光光谱）的测定：依据激发光谱确定最大激发波长 λ_{ex}，以最大激发波长 λ_{ex} 为激发波长，设定适当的波长扫描范围，测定发射光谱。

4. 标准曲线和样品浓度的测定

在最大激发波长 λ_{ex} 下，按照浓度从低到高的顺序依次测定上述系列标准溶液的荧光光谱，记录 545 nm 的荧光强度，完成表 3-1。测定吡啶二羧酸样品溶液的荧光光谱。

表 3-1 铽-吡啶二羧酸标准溶液的荧光强度

序号	1	2	3	4	5	6	7
浓度（μmol·L^{-1}）	0.025	0.05	0.1	0.2	0.4	0.8	1.6
荧光强度（a.u.）							

五、实验数据处理

以系列标准溶液光谱中最大发射波长 λ_{em} 对应的荧光强度对浓度绘制标准曲线，根据标准曲线和吡啶二羧酸样品溶液的荧光强度得到吡啶二羧酸样品溶液的浓度。

六、思考题

1. 什么是激发光谱？什么是发射光谱或荧光光谱？

2. 样品荧光强度为什么要在最大激发波长下测定？

3. 测定系列标准溶液时，为什么按照浓度从低到高的顺序进行测定？

实验 8　荧光光谱分析法测定尿液中维生素 B_2

一、实验目的

1. 掌握物质荧光强度与浓度的关系。

2. 了解标准加入法测定原理。

3. 了解荧光分光光度计的结构，掌握荧光分光光度计的使用方法。

二、实验原理

维生素 B_2（vitamin B_2，也称核黄素）是一种荧光化合物（图 3-3）。在水溶液中，维生素 B_2 较稳定，在 pH 为 6～7 时荧光最强，最大激发波长为 465 nm，最大发射波长为 520 nm。在强酸、强碱溶液中、强光照射下维生素 B_2 易分解。稀溶液中，维生素 B_2 溶液的荧光强度 I_F 与其浓度 c 成正比，即 $I_F = kc$，据此，可测定维生素 B_2 的浓度。

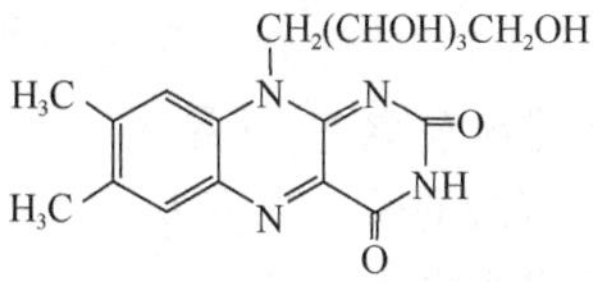

图 3-3　维生素 B_2 的结构

尿液中成分较多，为消除基体效应对测定的影响，采用标准加入法测定维生素 B_2。将待测尿液等体积分成几份溶液，一份不加入维生素 B_2 的标准溶液，其余几份分别加入不同量的维生素 B_2 的标准溶液，定容至同一体积后，分别测定这些溶液的荧光强度，以荧光强度（Y 轴）对加入的维生素 B_2 标准溶液的量（X 轴）作图，得到一条直线，将直线反向延长与 X 轴相交，X 轴上的截距即为尿液中维生素 B_2 的含量。

三、实验仪器与试剂

1. 仪器　荧光分光光度计、分析天平、标准石英比色皿、容量瓶、烧杯、移液器。

2. 试剂　维生素 B_2（≥98%，$C_{17}H_{20}N_4O_6$，MW 376.37）、维生素 B_2 片剂、冰醋酸（AR）、去离子水、尿液。

3. 溶液

（1）1% 乙酸溶液：量取 5 mL 冰醋酸置于 500 mL 容量瓶中，加水 495 mL。

（2）维生素 B_2 标准溶液（50 μg·mL^{-1}）：称取 5.0 mg 维生素 B_2 于小烧杯中，加入少量 1% 乙酸溶液溶解，转移到 100 mL 容量瓶中，用 1% 乙酸溶液定容。置于冰箱中保存。

四、实验步骤

（1）尿样采集：实验前口服维生素 B_2 片 5 mg，收集口服后 4 h 左右的尿液 5～10 mL 备用。

（2）标准加入法样品溶液的制备：在 6 支标记为 1～6 号的 50 mL 容量瓶中，分别加入 2 mL 尿液，再分别按表 3-2 所示加入 50 $\mu g \cdot mL^{-1}$ 维生素 B_2 标准溶液和 1% 乙酸溶液，构成加入维生素 B_2 的浓度分别为 0 $\mu g \cdot mL^{-1}$、0.1 $\mu g \cdot mL^{-1}$、0.25 $\mu g \cdot mL^{-1}$、0.5 $\mu g \cdot mL^{-1}$、1.0 $\mu g \cdot mL^{-1}$、1.5 $\mu g \cdot mL^{-1}$ 的系列样品溶液。

表 3-2 溶液的加入量

序号	1	2	3	4	5	6
尿液（mL）	2	2	2	2	2	2
50 $\mu g \cdot mL^{-1}$ 维生素 B_2 标准溶液（mL）	0	0.1	0.25	0.5	1.0	1.5
1% 乙酸溶液（mL）	48	47.9	47.75	47.5	47	46.5

（3）荧光光谱和激发光谱的测定：测定 5 号样品溶液的荧光光谱和激发光谱，确定维生素 B_2 的最大发射波长、最大激发波长。在最大激发波长下测定 1～6 号样品溶液的荧光强度 I_F，完成表 3-3。1 号样品的荧光强度为背景值 I_b，2～6 号样品的荧光强度为 $I_F - I_b$。

表 3-3 样品溶液的荧光强度

序号	1	2	3	4	5	6
维生素 B_2 样品溶液浓度（$\mu g \cdot mL^{-1}$）	0	0.1	0.25	0.5	1.0	1.5
荧光强度（a.u.）						

五、实验数据处理

以 2～6 号样品的荧光强度为纵坐标，加标浓度为横坐标绘制标准曲线，反向延长线与横坐标的交点即为尿液中维生素 B_2 含量（$\mu g \cdot mL^{-1}$）

维生素 B_2 参考值：人体尿液中的维生素 $B_2 \leqslant 400$ $\mu g \cdot mL^{-1}$ 为缺乏，400～800 $\mu g \cdot mL^{-1}$ 为不足，800～1300 $\mu g \cdot mL^{-1}$ 为正常。

六、注意事项

维生素 B_2 易分解，应及时测定荧光强度。

七、思考题

1. 维生素 B_2 的荧光来自分子中哪部分结构？

2. 为什么用标准加入法测定，是否可以使用标准曲线法定量？

实验 9 荧光光谱分析法测定阿司匹林药片中水杨酸

一、实验目的

1. 掌握荧光强度与浓度的关系。
2. 了解标准加入法测定原理。
3. 掌握荧光分光光度计的使用方法。

二、实验原理

阿司匹林是经典的解热镇痛药，也具有抑制血小板聚集、防止血栓形成的作用。阿司匹林的主要成分为乙酰水杨酸，由水杨酸、乙酸酐为原料合成，因此在阿司匹林中含有少量水杨酸，水杨酸对胃肠道有一定的刺激作用，其含量是评价阿司匹林质量的重要指标。水杨酸的标准测定法是药典中采用的高效液相色谱法，也可使用紫外、荧光、酸碱滴定等方法测定。乙酰水杨酸和水杨酸都具有芳香环（图3-4），并具有不同发射波长的荧光，据此可用荧光光谱法分别测定它们的含量。乙酰水杨酸和水杨酸都微溶于水，常需要使用有机溶剂（如氯仿）进行有机相测定，但大量使用有机溶剂有害于健康，也不环保。双水相萃取技术是一种新型分离技术，其是利用两种亲水高分子聚合物的水溶液超过一定浓度后可以形成互不相溶的两水相，某些物质在两水相中的溶解度不同而被萃取分离。本实验利用聚乙二醇 800-聚乙烯吡咯烷酮双水相体系萃取阿司匹林片中的水杨酸，再根据水杨酸的荧光强度测定其含量。

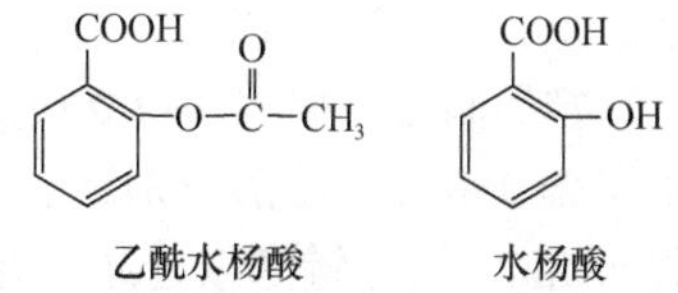

图 3-4 乙酰水杨酸和水杨酸的结构

三、实验仪器与试剂

1. 仪器 荧光分光光度计、分析天平、标准石英比色皿、研钵、容量瓶、烧杯、移液器、试剂瓶等。

2. 试剂 阿司匹林肠溶片、聚乙二醇 800（PEG 800）、聚乙烯吡咯烷酮（PVP 30000）、水杨酸（$C_7H_6O_3$，MW 138.12）、稀盐酸、NaOH、磷酸（$\geqslant 85\%$，H_3PO_4，MW 98）、硼酸（H_3BO_3，MW 61.83）、冰醋酸（CH_3COOH，MW 60.05）、$(NH_4)_2SO_4$、去离子水。试剂均为分析纯。

3. 溶液

（1）50% 聚乙二醇水溶液（V/V）：量取 50 mL PEG 800 于试剂瓶中，加入 50 mL 去离子水，混合均匀，置于 250 mL 试剂瓶中。

（2）30% 聚乙烯吡咯烷酮水溶液（W/W）：称取 30 g PVP 30000 于烧杯中，加入 70 g 水，混合均匀，置于 250 mL 试剂瓶中。

（3）布里顿-鲁宾逊（Britton-Robinson，B. R.）缓冲液（0.4 mol·L^{-1}，pH 6）：取 100 mL 混合酸溶液（0.8 mol·L^{-1}）于试剂瓶中，再加 39 mL NaOH 溶液（4 mol·L^{-1}）和 61 mL 去离子水构成 200 mL B.R. 缓冲液。

混合酸溶液（0.8 mol·L^{-1}）：称取 7.84 g 或量取 5.42 mL 85% 磷酸、4.80 g 或 4.72 mL 冰醋酸、4.94 g H_3BO_3 置于烧杯中，加去离子水溶解，转移至 100 mL 容量瓶中，加水定容至 100 mL。

NaOH 溶液（4 mol·L^{-1}）：称取 16 g NaOH 置于烧杯中，加水溶解后，转移至 100 mL 容量瓶中，加水定容至 100 mL。

（4）0.1 mol·L^{-1} NaOH 溶液：称取 0.4 g NaOH 置于烧杯中，加水 100 mL 溶解后，转移至 100 mL 试剂瓶中。

（5）水杨酸标准溶液（50 μg·mL^{-1}）：准确称取水杨酸 5 mg 溶解于少量 0.1 mol·L^{-1} NaOH 溶液中，加水定容至 100 mL。

四、实验步骤

1. 水杨酸系列标准溶液制备　取 6 个 10 mL 具塞比色管，编号 1~6，依次加入 2 mL 聚乙二醇水溶液、2 mL 聚乙烯吡咯烷酮水溶液、3 mL B.R. 缓冲液，再分别依次加入 0 μL、160 μL、320 μL、480 μL、640 μL、800 μL 的 50 μg·mL^{-1} 水杨酸标准溶液，用去离子水稀释至刻度，再加入 2 g $(NH_4)_2SO_4$ 固体，振荡溶解，静置分成两相。分别移取上层溶液于 6 个比色管中，补加 3 mL B.R. 缓冲液，用去离子水稀释至 10 mL，制得 1~6 号水杨酸的浓度依次为 0 μg·mL^{-1}、0.8 μg·mL^{-1}、1.6 μg·mL^{-1}、2.4 μg·mL^{-1}、3.2 μg·mL^{-1}、4.0 μg·mL^{-1} 的溶液，备用。

2. 样品制备　称取两份 0.16 g 左右（精确至 0.0001 g）的阿司匹林肠溶片，编号为 1 和 2，1 和 2 研细后分别溶于 5 mL 0.1 mol·L^{-1} NaOH 溶液中，搅拌使其完全溶解，放置 5 min，用定量滤纸过滤，滤液煮沸 2 min，冷却后，加入稀盐酸调节溶液 pH 6 左右，分别用去离子水定容至 100 mL。

分别移取 1 和 2 溶液 100 μL 于具塞比色管中，用水 1900 μL 稀释至 2 mL，依次加入 2 mL 聚乙二醇水溶液、2 mL 聚乙烯吡咯烷酮水溶液、3 mL B.R. 缓冲液，以水稀释至刻度，再加入 2 g $(NH_4)_2SO_4$ 固体，振荡溶解静置分成两相。分别移取上层溶液于 2 个比色管中，补加 3 mL B.R. 缓冲液，用水稀释至 10 mL，作为样品液 1 和样品液 2。

3. 激发光谱和发射光谱的测定　以 4.0 μg·mL^{-1} 的水杨酸标准溶液为试样，测定水杨酸的激发光谱和发射光谱，获得最大激发波长和发射波长。水杨酸的最大激发波长为 315 nm，最大发射波长为 386 nm。

4. 标准曲线和样品的测定　在最大激发波长的激发下，分别测定 1~6 号水杨酸溶液在最大发射波长下的荧光强度，测定样品 1 和 2 溶液的荧光强度，完成表 3-4。

表 3-4　荧光强度的测定

溶液		0 μg·mL^{-1} 水杨酸标准溶液	0.8 μg·mL^{-1} 水杨酸标准溶液	1.6 μg·mL^{-1} 水杨酸标准溶液	2.4 μg·mL^{-1} 水杨酸标准溶液	3.2 μg·mL^{-1} 水杨酸标准溶液	4.0 μg·mL^{-1} 水杨酸标准溶液	样品液 1	样品液 2
荧光强度 (a.u.)	第 1 次								
	第 2 次								

续表

溶液	0 μg·mL^{-1}水杨酸标准溶液	0.8 μg·mL^{-1}水杨酸标准溶液	1.6 μg·mL^{-1}水杨酸标准溶液	2.4 μg·mL^{-1}水杨酸标准溶液	3.2 μg·mL^{-1}水杨酸标准溶液	4.0 μg·mL^{-1}水杨酸标准溶液	样品液 1	样品液 2
荧光强度（a.u.）第 3 次								
平均值								
扣空白								

五、实验数据处理

（1）以荧光强度为纵坐标，浓度为横坐标作图，绘制水杨酸的标准曲线，拟合线性方程 $y = Ax + B$，相关系数 R^2。

（2）根据测得的样品的荧光强度 F 和线性方程，W 克样品（$W_{样品}$）中水杨酸的百分含量 C 为

$$C = \frac{F - B}{AW_{样品} \times 100} \times 100\%$$

六、思考题

1. 双水相体系萃取水杨酸的原理是什么？

2. 相比乙酰水杨酸，水杨酸的发射波长将发生红移还是蓝移？为什么？

实验 10　荧光光谱分析法测定果蔬中维生素 C

一、实验目的

1. 了解荧光光谱分析法测定维生素 C 的原理。

2. 掌握荧光分光光度计的使用方法。

二、实验原理

维生素 C 又名抗坏血酸，自然界存在 L 型、D 型两种，D 型的生物活性仅为 L 型的 1/10。维生素 C 广泛存在于植物组织中，新鲜的水果、蔬菜中含量都很丰富。维生素 C 具有较强的还原性，对光敏感，其氧化产物脱氢抗坏血酸仍然具有生理活性，进一步水解则生成 2,3-二酮古洛糖酸，失去生理作用。食品分析中的总抗坏血酸是指抗坏血酸和脱氢抗坏血酸二者的总量。

维生素 C 本身几乎没有荧光，荧光光谱分析法测定维生素 C 的原理是样品中抗坏血酸被铜离子氧化生成脱氢抗坏血酸后，与邻苯二胺反应生成喹喔啉（quinoxaline）类荧光产物（354 nm 激发，430 nm 发射）（图 3-5）。依据荧光强度与脱氢抗坏血酸的浓度在一定条件下成正比，测定食物中维生素 C 的总量。

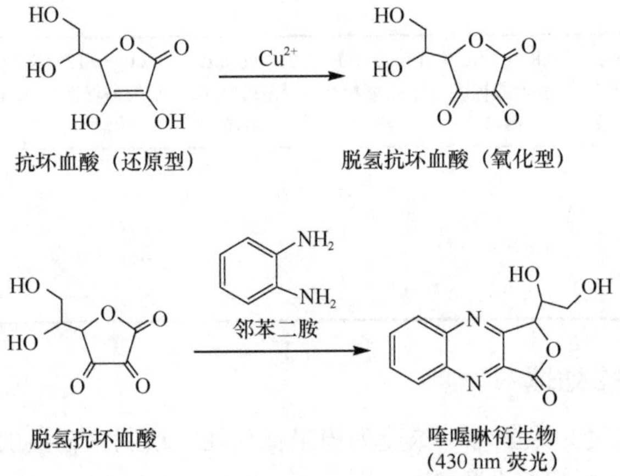

图 3-5 测定维生素 C 的反应

三、实验仪器与试剂

1. 仪器 荧光分光光度计、漏斗、离心管、96 孔荧光酶标板、分析天平。

2. 试剂与耗材 硫酸铜（$CuSO_4 \cdot 5H_2O$，MW 249.69）、邻苯二胺（$C_6H_8N_2$，MW 108.14）、抗坏血酸（$C_6H_8O_6$，MW 176.12）、冰醋酸（$C_2H_4O_2$，MW 60.05）、无水乙酸钠（$C_2H_3NaO_2$，MW 82.03）均为分析纯。水用去离子水。橙汁类果汁作为测定样品。

3. 溶液

（1）硫酸铜溶液（2.0 mg·mL^{-1}）：称取 200.0 mg $CuSO_4 \cdot 5H_2O$，用水溶解，并稀释至 100 mL。

（2）邻苯二胺溶液（0.3 mg·mL^{-1}）：称取 30.0 mg 邻苯二胺，用水溶解，并稀释至 100 mL，置于棕色瓶避光储存。

（3）抗坏血酸标准溶液（25.0 mg·L^{-1}）：称取 5.0 mg 抗坏血酸，用水溶解，并稀释至 200 mL，置于棕色瓶避光储存。

（4）乙酸-乙酸钠缓冲液（0.2 mol·L^{-1}，pH 5.6）：称取 3.69 g 无水乙酸钠，溶于 225 mL 去离子水；取 0.286 mL 冰醋酸（0.3 g，密度 1.05 g·mL^{-1}）溶于 25 mL 去离子水。上述两溶液混合成 pH 5.6 缓冲液。

四、实验步骤

1. 样品处理 取橙汁类果汁样品 20 mL，用普通定性滤纸过滤。滤液作为测定样品放入冰箱（3～10℃）内保存备用。

2. 标准溶液及样品溶液的配制

（1）标准溶液配制：取 6 个离心管（编号 1～6），分别加入 0.0 mL、0.04 mL、0.1 mL、0.2 mL、0.3 mL、0.4 mL 抗坏血酸标准溶液。再依次分别加入 0.4 mL 乙酸-乙酸钠缓冲液、0.08 mL 硫酸铜溶液和 0.4 mL 邻苯二胺溶液，加水至 2.0 mL，混匀，暗处静置。20 min 后进行荧光测定。

（2）样品溶液配制：取 3 个离心管（编号 7～9），分别加入 0.01 mL 待测样品溶液。再依次加入 0.4 mL 乙酸-乙酸钠缓冲液、0.08 mL 硫酸铜溶液和 0.4 mL 邻苯二胺溶液，加水至 2.0 mL，混匀，暗处静置。20 min 后进行荧光测定。

3. 抗坏血酸标准溶液及果蔬样品中维生素 C 的荧光测定　在 96 孔荧光酶标板的孔中加入 200 μL 1～6 号抗坏血酸标准溶液，在 354 nm 激发波长下，依次测定抗坏血酸标准溶液 430 nm 波长下的荧光强度。相同条件下，测定 7～9 号样品的荧光强度，测量结果以平均值±标准差表示。

五、注意事项

（1）本实验全部过程应尽量避光。

（2）邻苯二胺溶液在空气中颜色会逐渐变深，影响荧光衍生反应，故应用棕色瓶配制，在冰箱中保存不超过 3 天。

（3）不同的样品中抗坏血酸的含量不相同，称取的样品量可酌量增减。

六、实验数据处理

（1）标准曲线的绘制：根据 1～6 号标样的荧光强度，以荧光强度对浓度作图，得到标准曲线。

（2）根据 7～9 号样品的荧光强度，在标准曲线上读出样品溶液中抗坏血酸的含量。根据样品处理及溶液配制过程中的稀释关系计算原始样品中抗坏血酸的含量。

七、思考题

1. 本实验中荧光产物的荧光来自分子中哪部分结构？

2. 荧光光谱中可能出现多个峰，如何判断是荧光峰还是散射峰？

实验 11　荧光光谱分析法测定枯草芽孢杆菌芽孢

一、实验目的

1. 了解细菌芽孢及其检测意义。

2. 了解荧光光谱分析法测定细菌芽孢的原理。

二、实验原理

当生存环境恶化时，一些细菌就会形成芽孢（spore），芽孢是细菌的休眠体，芽孢对恶劣环境（辐射、热、干燥、有毒化学品）具有很强的抵抗能力，可休眠存活数十年甚至百年。当被摄入动物体内时，芽孢通常会利用吞噬细胞作为载体，抵达淋巴结，萌发、增殖，并最终被释放到血液之中，产生严重的菌血症，对宿主造成巨大的损伤。炭疽杆菌（*Bacillus anthracis*）为革兰氏阳性菌，是烈性传染病炭疽（anthrax）的病原体，在我国被列为高致病性病原微生物；炭疽芽孢由于存活时间长、易于制备、易于散布等特性，能被用作生物战剂。监测和诊断包括炭疽杆菌芽孢在内的各种细菌芽孢对健康安全、打击恐怖活动具有重要意义。

所有细菌芽孢的壁包含特有的成分 2,6-吡啶二羧酸（dipicolinic acid，DPA）。

2,6-吡啶二羧酸主要以钙盐［Ca(DPA)］的形式存在，约占芽孢干重的 10%，对芽孢的抗性起着很大的作用，是细菌芽孢的生物标志物。因此，测定 DPA 能诊断包括炭疽芽孢的各种细菌芽孢。本实验通过稀土离子 Tb^{3+} 与枯草杆菌的芽孢热裂解释放出来的 DPA 结合，生成更稳定、强发光的配合物 $Tb(DPA)_3^{3-}$ 的原理（图 3-6）测定细菌芽孢。

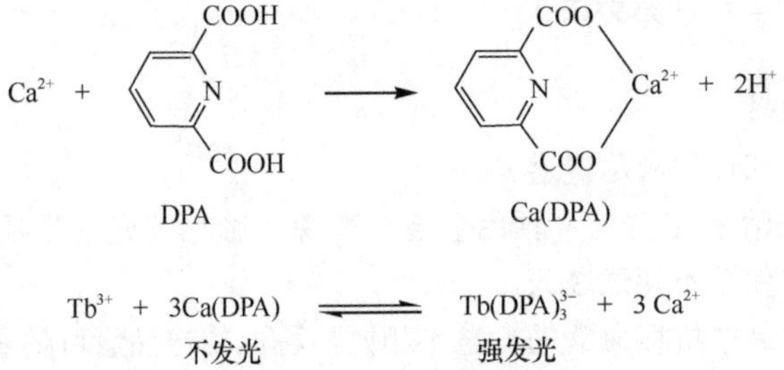

$$Tb^{3+} + 3Ca(DPA) \rightleftharpoons Tb(DPA)_3^{3-} + 3Ca^{2+}$$

不发光　　　　　　　　　　　强发光

图 3-6　测定细菌芽孢的反应

三、实验仪器与试剂

1. 仪器　荧光光谱仪、分析天平、标准石英比色皿、容量瓶、烧杯、移液器、金属浴干式恒温器等。

2. 试剂与耗材　待测芽孢样品、已知浓度的枯草芽孢杆菌芽孢、硝酸铽［$Tb(NO_3)_3 \cdot 6H_2O$，AR，CAS No. 13451-19-9，MW 453.03］、2,6-吡啶二羧酸（AR，$C_7H_5NO_4$，CAS No. 499-83-2，MW 167.12）、乙酸钠（$NaAc \cdot 3H_2O$，MW 136.09）、冰醋酸（HAc，MW 60.05）、超纯水等。注射器过滤器（0.22 μm 孔径）。

3. 溶液

（1）NaAc 溶液（$1\ mol \cdot L^{-1}$）：试剂瓶中加入 13.6 g $NaAc \cdot 3H_2O$ 和 100 mL 超纯水。

（2）HAc 溶液（$1\ mol \cdot L^{-1}$）：试剂瓶中加入 14.75 mL 冰醋酸和 250 mL 超纯水。

（3）HAc-NaAc 缓冲液（$1\ mol \cdot L^{-1}$，pH 5.8）：试剂瓶中加入 10 mL HAc 溶液（$1\ mol \cdot L^{-1}$）和 190 mL NaAc 溶液（$1\ mol \cdot L^{-1}$）构成 200 mL pH 5.8 的缓冲液。

（4）$Tb(NO_3)_3$ 溶液（200 μmol·L⁻¹）：用分析天平称取 $Tb(NO_3)_3 \cdot 6H_2O$ 固体 4.53 mg 转移至小烧杯中，加入 HAc-NaAc 缓冲液（$1\ mol \cdot L^{-1}$，pH 5.8）溶解后，转移至 50 mL 容量瓶中，用 HAc-NaAc 溶液定容至 50 mL。

（5）$Tb(NO_3)_3$ 溶液（20 μmol·L⁻¹）：取 10 mL 200 μmol·L⁻¹ $Tb(NO_3)_3$ 溶液转移至 100 mL 容量瓶中，加入 HAc-NaAc 缓冲液（$1\ mol \cdot L^{-1}$，pH 5.8）定容至 100 mL。

（6）DPA 溶液（200 μmol·L⁻¹）：用分析天平称取 DPA 固体 1.67 mg 转移至小烧杯中，加入 HAc-NaAc 缓冲液（$1\ mol \cdot L^{-1}$，pH 5.8）溶解后，转移至 50 mL 容量瓶中，用 HAc-NaAc 溶液定容至 50 mL。

（7）DPA 溶液（200 nmol·L⁻¹）：取 0.1 mL 200 μmol·L⁻¹ DPA 溶液转移至 100 mL 容量瓶中，加入 HAc-NaAc 缓冲液（$1\ mol \cdot L^{-1}$，pH 5.8）定容至 100 mL。

（8）3×10^{10} CFU·mL⁻¹ 枯草芽孢杆菌的芽孢的 40%（V/V）乙醇悬浮液（血细胞计数器计数）。

四、实验步骤

1. Tb(DPA)$_3^{3-}$ 荧光激发光谱和发射光谱的测定　激发光谱的测定：分别取 1.5 mL 200 μmol·L^{-1} 的 Tb(NO$_3$)$_3$ 溶液和 1.5 mL 20 μmol·L^{-1} 的 DPA 溶液加入到标准石英比色皿中，充分混合后生成 Tb(DPA)$_3^{3-}$，在 278 nm 波长激发下，延时 100 μs 下测定发射光谱。在 545 nm 波长下，延时 100 μs 下测定激发光谱。

2. DPA 标准曲线的测定

（1）DPA 系列标准溶液的配制：分别取 1500 μL 20 μmol·L^{-1} 的 Tb(NO$_3$)$_3$ 溶液和 3 μL、6 μL、15 μL、30 μL、60 μL、150 μL、300 μL、600 μL 200 nmol·L^{-1} 的 DPA 溶液加入到 8 个 5 mL 离心管中，加适量水（表 3-5）充分混合，分别构成 0.2 nmol·L^{-1}、0.4 nmol·L^{-1}、1 nmol·L^{-1}、2 nmol·L^{-1}、4 nmol·L^{-1}、10 nmol·L^{-1}、20 nmol·L^{-1}、40 nmol·L^{-1} 的 DPA 溶液［含 10 μmol·L^{-1} Tb(NO$_3$)$_3$］。

（2）在最大激发波长 λ_{ex} = 278 nm 下，按照浓度从低到高的顺序依次测定上述 DPA 系列标准溶液的荧光强度，完成表 3-5。

表 3-5　荧光强度的测定

序号	1	2	3	4	5	6	7	8
Tb(NO$_3$)$_3$ 溶液体积（μL）	1500	1500	1500	1500	1500	1500	1500	1500
DPA 溶液体积（μL）	3	6	15	30	60	150	300	600
水体积（μL）	1497	1494	1485	1470	1440	1350	1200	900
DPA 浓度（nmol·L^{-1}）	0.2	0.4	1	2	4	10	20	40
荧光强度（a.u.）								

3. 枯草芽孢杆菌芽孢浓度的测定

（1）3×10^{10} CFU·mL^{-1} 枯草芽孢杆菌芽孢的 40% 乙醇悬浮液在 13 200 r/min 转速下离心 10 min，移去上清液，水洗 2 次后，放在高压灭菌锅中 125℃ ×15 min 热释放 DPA，溶液冷却后，用 1 mol·L^{-1} HCl 调节溶液 pH 至 1.0，用 0.22 μm 孔径的注射器过滤器过滤除去不溶物，滤液用 1 mol·L^{-1} NaOH 溶液中和后，稀释成 1× 10^6 CFU·mL^{-1} 的芽孢裂解液作为芽孢测定液。

（2）待测芽孢样品水洗 2 次后，放在高压灭菌锅中 125℃ ×15 min 热释放 DPA，溶液冷却后同上述步骤制备芽孢样品测定液。

（3）枯草芽孢杆菌芽孢系列溶液的配制：分别取 1500 μL 20 μmol·L^{-1} 的 Tb(NO$_3$)$_3$ 溶液和 1.5 μL、3 μL、6 μL、15 μL、30 μL、60 μL、300 μL、1500 μL 1×10^6 CFU·mL^{-1} 的芽孢测定液加入到 8 个 5 mL 离心管中，加适量水（表 3-6）充分混合，分别构成 5×10^2 CFU·mL^{-1}、1×10^3 CFU·mL^{-1}、2×10^3 CFU·mL^{-1}、5×10^3 CFU·mL^{-1}、1×10^4 CFU·mL^{-1}、2×10^4 CFU·mL^{-1}、1×10^5 CFU·mL^{-1}、5×10^5 CFU·mL^{-1} 的芽孢溶液［含 10 μmol·L^{-1} Tb(NO$_3$)$_3$］。

（4）在最大激发波长 λ_{ex} = 278 nm 下，按照浓度从低到高的顺序依次测定上述芽孢系列溶液的荧光强度，完成表 3-6。

（5）在最大激发波长 $\lambda_{ex} = 278$ nm 下，测定芽孢样品溶液的荧光强度。

表 3-6　荧光强度的测定

序号	1	2	3	4	5	6	7	8
Tb(NO$_3$)$_3$ 溶液体积（μL）	1500	1500	1500	1500	1500	1500	1500	1500
芽孢溶液体积（μL）	1.5	3	6	15	30	60	300	1500
水体积（μL）	1498	1497	1494	1485	1470	1440	1200	0
芽孢溶液浓度（CFU·mL^{-1}）	5×10^2	1×10^3	2×10^3	5×10^3	1×10^4	2×10^4	1×10^5	5×10^5
荧光强度（a.u.）								

五、实验数据处理

（1）以 DPA 标准溶液的荧光强度为纵坐标，DPA 标准溶液的浓度为横坐标，绘制标准曲线。

（2）根据标准曲线和芽孢样品的荧光强度计算芽孢样品浓度。

六、思考题

1. 本实验方法能否鉴定和测定炭疽杆菌芽孢？

2. DPA 为什么能使 Tb^{3+} 的发光增强？

3. 芽孢中 DPA 主要以 Ca(DPA) 形式存在，Ca(DPA) 如何转变为 Tb(DPA)$_3^{3-}$？

第4章 化学发光分析法

4.1 化学发光分析法原理

化学发光（chemiluminescence）是指分子吸收了化学反应产生的化学能而受激跃迁至激发态，当激发态分子返回到基态时，产生光辐射的现象。化学发光的本质是化学反应产生了激发态分子。常见的化学发光有两种反应过程。

$$A + B \longrightarrow C^* + D$$

$$C^* \longrightarrow C + h\nu$$

发光体 C^* 的能量直接来自化学反应，称直接化学发光。

$$A + B \longrightarrow C^* + D$$

$$C^* + F \longrightarrow F^* + C$$

$$F^* \longrightarrow F + h\nu$$

当体系中存在一种易于接受能量的荧光分子 F 时，C^* 把能量转移给 F，使 F 成为激发态分子，产生发光现象，称能量转移化学发光。能量转移化学发光的波长与荧光分子的荧光发射波长相同。

t 时刻，化学发光的强度是化学反应速率（产生能量的效率）、产生激发态分子的效率和激发态分子的发光效率的乘积，即

$$I_{cl}(t) = \phi_{cl}\frac{dc}{dt} = \phi_{ex} \cdot \phi_{em}\frac{dc}{dt}$$

$$\phi_{cl} = \frac{\text{发射光子数}}{\text{参加反应的分子数}} = \phi_{ex} \cdot \phi_{em}$$

式中，$I_{cl}(t)$：t 时刻化学发光强度（每秒发射的光子数），c 为反应物浓度；

$\dfrac{dc}{dt}$：化学反应速率（每秒的反应分子数）；

ϕ_{cl}：化学发光量子产率（参加反应的分子发射的光子数）；

ϕ_{ex}：产生激发态的量子产率（参加反应的分子产生的激发态分子数）；

ϕ_{em}：激发态的发光量子产率（激发态分子产生的光子数）。

反应物混合后，化学发光的发光强度随时间的变化（动力学曲线）如图4-1所示，发光持续时间可以 $<1\,s$，也可以达几分钟甚至几小时。

化学发光反应中，如果反应物 B 保持恒定，反应物 A 的浓度变化可作为一级反应：$\dfrac{dc_A}{dt} = kc_A$。k 为反应速率常数，c_A 为反应物 A 的起始浓度。化学发光强度（动力学曲线包含的面积）是 t 时刻化学发光强度的积分。

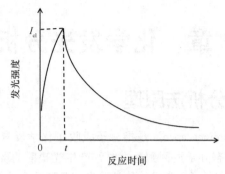

图 4-1　化学发光反应动力学曲线

$$I_{cl} = \int I_{cl}(t) \cdot \mathrm{d}t = \int \phi_{cl} \frac{\mathrm{d}c_A}{\mathrm{d}t} \cdot \mathrm{d}t = \phi_{cl} \cdot c_A$$

即化学发光强度与反应物 A 的浓度成正比。

4.2　化学发光分析法实验

实验 12　鲁米诺/草酸酯-过氧化氢体系的化学发光观察和测定

一、实验目的

1. 了解化学发光现象、原理。

2. 了解鲁米诺/草酸酯-过氧化氢体系的化学发光原理。

3. 了解化学发光的测定方法。

二、实验原理

鲁米诺-过氧化氢体系在碱性水溶液中，在一些过渡金属离子（如 Cu^{2+}、Fe^{2+}、Fe^{3+}、Co^{2+}）或过渡金属离子的配合物（如铁氰化钾）的催化下，过氧化氢氧化鲁米诺（luminol，3-氨基邻苯二甲酰肼）产生 425 nm 的蓝色光（图 4-2）。

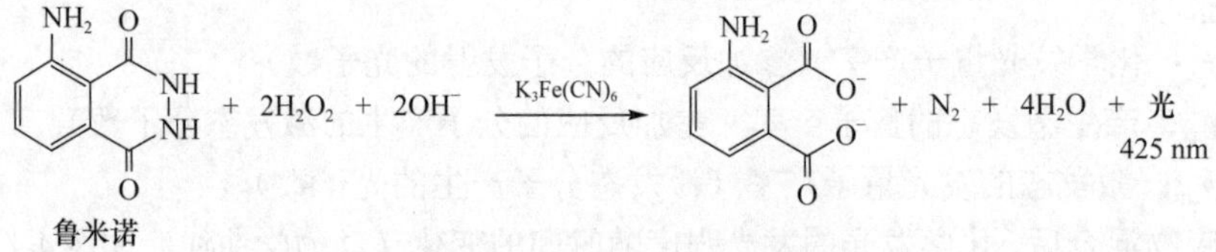

鲁米诺

图 4-2　鲁米诺的化学发光反应

草酸酯-过氧化氢体系在碱催化下，过氧化氢氧化草酸衍生物（如草酸酯）产生的能量转移给荧光分子（如罗丹明 B）产生增强的荧光分子发光。过氧化氢氧化双(2,4-二硝基苯基) 草酸酯能增强 9,10-二 (苯乙炔基) 蒽产生的绿色光（507 nm），也能增强罗丹明 B 产生的红色光（624 nm）（图 4-3）。

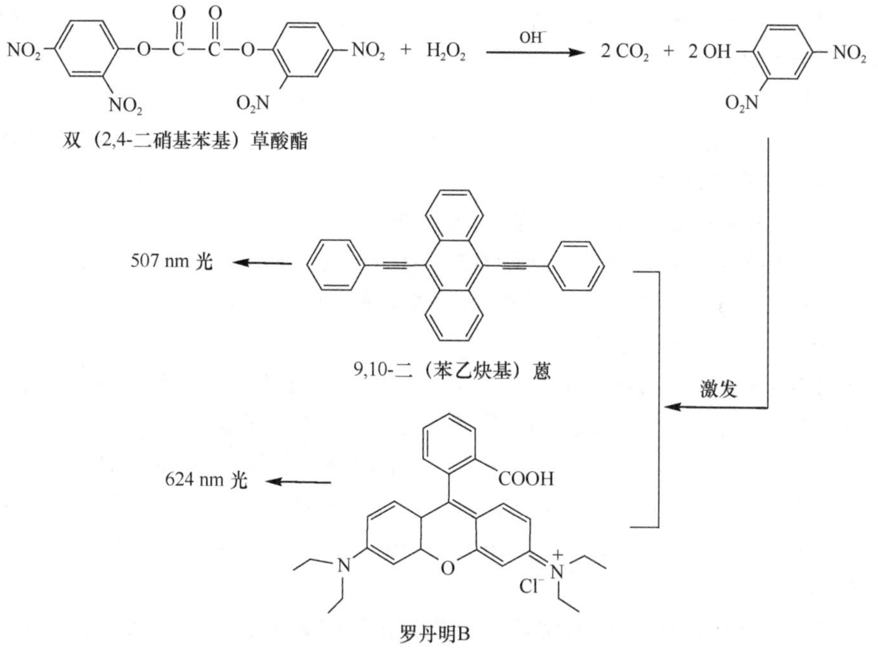

图 4-3 草酸酯的化学发光反应

金属离子能催化化学发光反应的速度，增强化学发光的强度。表面活性剂形成的胶束也能增强化学发光强度。

1,10-邻菲啰啉-过氧化氢体系在碱性溶液中，Cu^{2+} 的催化下，H_2O_2 氧化 1,10-邻菲啰啉化学反应产生 $445\sim450$ nm 的光。

三、实验仪器与试剂

1. 仪器 生物化学发光测量仪、分析天平、移液器、烧杯、量筒等。

2. 试剂 鲁米诺（CAS No. 521-31-3，$C_8H_7N_3O_2$，MW 177.16）、$K_3Fe(CN)_6$（CAS No. 13746-66-2，MW 329.25）、NaOH、30% H_2O_2、罗丹明 B（CAS No. 81-88-9，$C_{28}H_{31}ClN_2O_3$，MW 479.01）、聚乙二醇 400、双 (2,4-二硝基苯基) 草酸酯（CAS No. 16536-30-4，$C_{14}H_6N_4O_{12}$，MW 422.22）、9,10-二 (苯乙炔基) 蒽（CAS No. 10075-85-1，$C_{30}H_{18}$，MW 378.46）、正丁醇、邻苯二甲酸二乙酯（CAS No. 84-66-2，$C_{12}H_{14}O_4$，MW 222.24）、1,10-邻菲啰啉（CAS No. 5144-89-8，$C_{12}H_8N_2 \cdot H_2O$，MW 198.22）、$CuCl_2$（MW 134.45）、十六烷基三甲基溴化铵（CTAB，CAS No. 57-09-0，$C_{19}H_{42}BrN$，MW 364.45）、二次蒸馏水等。

3. 溶液

（1）鲁米诺化学发光实验

试剂 1：1 mmol·L^{-1} 鲁米诺溶液（分别称取 17.7 mg 鲁米诺、0.3 g NaOH，溶于 100 mL 水中，转移于试剂瓶中）。

试剂 2：0.1% H_2O_2 溶液（量取 0.5 mL 30% H_2O_2 溶液，溶于 150 mL 水中，转移于试剂瓶中）。

试剂 3：10 mmol·L^{-1} 铁氰化钾溶液 [称取 0.16 g K$_3$Fe(CN)$_6$，溶于 50 mL 水中，转移于试剂瓶中]。

（2）草酸酯-过氧化氢体系的化学发光实验（红光）

试剂 4：10 mL 罗丹明 B（碱性）饱和溶液和 2 mL 30% H$_2$O$_2$ 溶液分别溶于 160 mL 聚乙二醇 400 中。

试剂 5：250 mg 双 (2,4-二硝基苯基) 草酸酯。

（3）草酸酯-过氧化氢体系的化学发光实验（绿光）

试剂 6：250 mg 双 (2,4-二硝基苯基) 草酸酯和 30 mg 9,10-二 (苯乙炔基) 蒽分别溶于 50 mL 邻苯二甲酸二乙酯中。

试剂 7：1.5 mL 30% H$_2$O$_2$ 溶液、2.5 mL 正丁醇溶于 125 mL 邻苯二甲酸二乙酯中。

（4）Cu^{2+}、表面活性剂增强 1,10-邻菲啰啉-H$_2$O$_2$ 体系的化学发光实验

试剂 8：1 mmol·L^{-1} 1,10-邻菲啰啉的 NaOH 溶液（称取 19.8 mg 1,10-邻菲啰啉，用少量乙醇溶解，再用 0.1 mol·L^{-1} NaOH 溶液稀释至 100 mL，避光保存）。

试剂 9：5% 的 H$_2$O$_2$ 溶液（量取 16.7 mL 30% H$_2$O$_2$ 溶液溶于 100 mL 水中，转移于试剂瓶中）。

试剂 10：30 mmol·L^{-1} 十六烷基三甲基溴化铵阳离子表面活性剂水溶液（称取 1.1 g CTAB 于烧杯中，加水 100 mL 溶解后转移至试剂瓶中）。

试剂 11：0.1 μmol·L^{-1} CuCl$_2$ 溶液（称取 13.4 mg CuCl$_2$ 于 100 mL 烧杯中，加水溶解后转移至 100 mL 容量瓶中定容获得 1 mmol·L^{-1} CuCl$_2$ 溶液。移取 10 μL 配制的 CuCl$_2$ 溶液于 100 mL 容量瓶中，定容得 0.1 μmol·L^{-1} CuCl$_2$ 溶液）。

四、实验步骤

（1）鲁米诺发光实验：在暗室中将 20 mL 试剂 1 加入锥形瓶中，再加入 20 mL 试剂 2 和 4 mL 试剂 3，摇动混合，观察蓝色发光现象。

（2）草酸酯-过氧化氢体系的化学发光实验（红光）：在暗室中将粉末状的试剂 5 加入试剂 4 中，摇动混合，观察红色发光现象。

（3）草酸酯-过氧化氢体系的化学发光实验（绿光）：在暗室中将 100 mL 试剂 6 加入 50 mL 的试剂 7 中，摇动混合，观察绿色发光现象。

（4）Cu^{2+}、表面活性剂增强 1,10-邻菲啰啉-H$_2$O$_2$ 体系的化学发光：用移液器移取 100 μL 试剂 9 于比色皿中，置于仪器暗仓内，从进样口加入 100 μL 试剂 8，进行试验 1，记录化学发光强度；在试剂 9 和试剂 8 的混合液中加入 100 μL 试剂 11，进行试验 2，记录化学发光强度；在试剂 9 和试剂 8 的混合液中加入 100 μL 试剂 10 后，再加入 100 μL 试剂 11，进行试验 3，记录化学发光强度。完成表 4-1。

表 4-1 化学发光强度比较

试验	试剂加入顺序	化学发光强度
1	100 μL 试剂 9 + 100 μL 试剂 8	
2	100 μL 试剂 9 + 100 μL 试剂 8，加 100 μL 试剂 11	
3	100 μL 试剂 9 + 100 μL 试剂 8 + 100 μL 试剂 10，再加 100 μL 试剂 11	

五、实验数据处理

（1）写出鲁米诺发蓝光、草酸酯-过氧化氢分别发红光和绿光的化学发光反应式。

（2）比较表 4-1 中试验 1、2 和 3 的化学发光强度，解释原因。

六、思考题

1. 哪些离子/分子能催化鲁米诺的发光反应？

2. 一些表面活性剂为什么能增强化学发光的强度？

3. 草酸酯-过氧化氢发光体系中，哪种分子是发光分子？

实验 13　鲁米诺-过氧化氢化学发光法测定亚硫酸盐

一、实验目的

1. 了解鲁米诺-过氧化氢化学发光法测定亚硫酸盐的原理。

2. 了解影响化学发光强度的因素。

3. 了解化学发光的测定方法。

二、实验原理

食品添加剂亚硫酸盐包括亚硫酸氢钠（$NaHSO_3$）、低亚硫酸钠（$Na_2S_2O_4$）、焦亚硫酸钾（$K_2S_2O_5$）、焦亚硫酸钠（$Na_2S_2O_5$）、亚硫酸钠（Na_2SO_3）及二氧化硫（SO_2）和硫黄（S）等。亚硫酸盐溶于水时，可形成 H_2SO_3、HSO_3^-、SO_3^{2-}，每一种形式所占比例取决于溶液的 pH。亚硫酸盐具有保持食品颜色、风味，以及抑制微生物的防腐作用。亚硫酸盐超标，不仅会破坏食品的品质，而且会严重影响消费者的健康。我国《食品安全国家标准 食品添加剂使用标准》（GB 2760—2014）允许各种食品中的亚硫酸盐含量 $<0.01 \sim 0.4$ g/kg。

鲁米诺是常用的化学发光试剂，在碱性条件下，鲁米诺可被过氧化氢氧化成激发态的 3-氨基邻苯二甲酸盐，释放出波长 425 nm 的蓝光（图 4-4）。

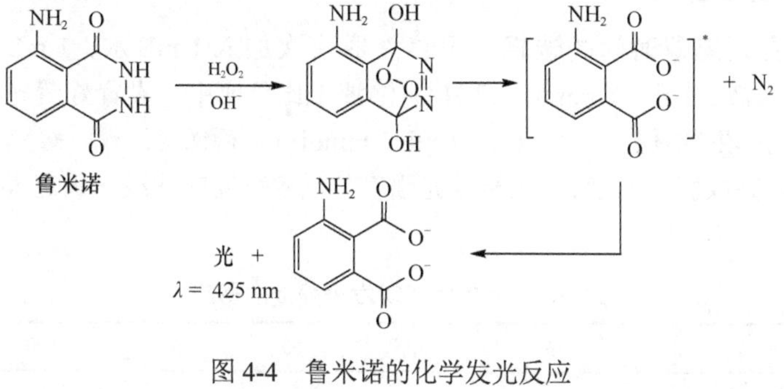

图 4-4　鲁米诺的化学发光反应

通常情况下，该化学发光反应相当缓慢，但在催化剂存在下（如过渡金属离子 Co^{2+}、Cu^{2+}、Fe^{2+}、Fe^{3+} 等或氯化高铁血红素、血红蛋白、过氧化物酶等），反应速率大大提高。亚硫酸盐能增强鲁米诺-过氧化氢体系发射的波长 425 nm 的化学发光，在一定的浓度范围内，化学发光强度与亚硫酸盐的浓度呈线性正比关系，可应用于亚硫酸盐的检测。亚硫酸盐能增强化学发光可能是因为亚硫酸盐同 O_2^- 作用，使之寿命延长，增多了激发态的 3-氨基邻苯二甲酸根离子，从而增强了鲁米诺的化学发光（图 4-5）。

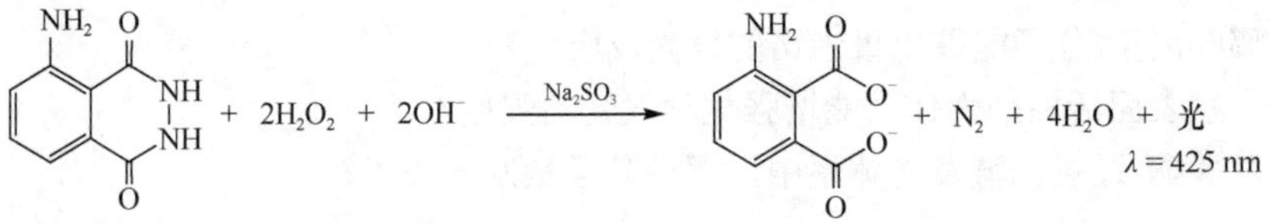

图 4-5　亚硫酸盐增强鲁米诺的化学发光反应

三、实验仪器与试剂

1. 仪器　荧光分光光度计、分析天平、移液器、容量瓶、烧杯。

2. 试剂　Na_2SO_3（AR, CAS No. 7757-83-7，MW 126.04）、鲁米诺（CAS No. 521-31-3，$C_8H_7N_3O_2$，MW 177.16）、H_2O_2（AR，30%）、NaOH（AR）、二次蒸馏水、市售银耳或香菇。

3. 溶液

（1）Na_2SO_3 标准溶液（100 mg·L^{-1}，以二氧化硫计）：称取 19.7 mg Na_2SO_3，用水溶解并定容至 100 mL，冷藏保存。用时稀释至需要的浓度（20 mg·L^{-1}，40 mg·L^{-1}）。

（2）鲁米诺储备液（4 mmol·L^{-1}）：称取 177.16 mg 鲁米诺，用 0.1 mol·L^{-1} NaOH 溶解并定容至 250 mL，避光保存。用时稀释至需要浓度。

（3）H_2O_2 储备液（4 mmol·L^{-1}）：由 30%（9.8 mol·L^{-1}）的 H_2O_2 直接稀释而成，当天配制。移取 40.8 μL 30% H_2O_2，转移至加了水的 100 mL 容量瓶中，加水定容至 100 mL。用时稀释至需要浓度。

（4）0.1 mol·L^{-1} NaOH 溶液：称取 NaOH 2.0 g，用水溶解并定容到 500 mL。

四、实验步骤

1. 化学发光读取时间的选择　用移液器依次加入 1 mL 水、1 mL 100 mg·L^{-1} Na_2SO_3 标准溶液、1 mL 1 mmol·L^{-1} H_2O_2 溶液于比色皿中，设置好荧光分光光度计测定条件（选择生物发光）后，加入 1 mL 1 mmol·L^{-1} 鲁米诺溶液，每隔 10 s 测定化学发光强度，完成表 4-2。绘制化学发光强度与反应时间的曲线，确定最佳信号读取时间（60 s）。

表 4-2　反应时间对发光强度的影响

反应时间（s）	10	30	50	60	80	100	120
发光强度（a.u.）							

2. 鲁米诺浓度的选择　用移液器按表 4-3 中体积数依次加入水、Na_2SO_3 标准

溶液、H_2O_2 溶液于比色皿中，设置好荧光分光光度计测定条件后，分别加入不同体积的鲁米诺溶液，配制成含 5 mg·L^{-1} Na_2SO_3、1 mmol·L^{-1} H_2O_2，鲁米诺浓度分别为 0.1 mmol·L^{-1}、0.2 mmol·L^{-1}、0.3 mmol·L^{-1}、0.4 mmol·L^{-1}、0.5 mmol·L^{-1}、1.0 mmol·L^{-1} 和 1.5 mmol·L^{-1} 的 7 份测试液。反应 60 s 测定化学发光强度。绘制化学发光强度与鲁米诺浓度的曲线，确定最佳鲁米诺的浓度（1.0 mmol·L^{-1}）。

表 4-3　鲁米诺浓度对发光强度的影响

测试液编号	1	2	3	4	5	6	7
水（mL）	1.9	1.8	1.7	1.6	1.5	1.0	0.5
20 mg·L^{-1} Na_2SO_3 标准溶液（mL）	1	1	1	1	1	1	1
4 mmol·L^{-1} H_2O_2 溶液（mL）	1	1	1	1	1	1	1
4 mmol·L^{-1} 鲁米诺溶液（mL）	0.1	0.2	0.3	0.4	0.5	1.0	1.5
发光强度（a.u.）							

3. 过氧化氢浓度的选择　用移液器按表 4-4 中体积数依次加入水、Na_2SO_3 标准溶液、不同体积的 H_2O_2 溶液于比色皿中，设置好荧光分光光度计测定条件后，加入鲁米诺溶液，配制成含 5 mg·L^{-1} Na_2SO_3、1 mmol·L^{-1} 鲁米诺，H_2O_2 浓度分别为 0.1 mmol·L^{-1}、0.2 mmol·L^{-1}、0.4 mmol·L^{-1}、0.6 mmol·L^{-1}、1.0 mmol·L^{-1}、1.5 mmol·L^{-1} 和 2.0 mmol·L^{-1} 的 7 份测试液。反应 60 s 测定化学发光强度。绘制化学发光强度与 H_2O_2 浓度的曲线，确定最佳 H_2O_2 的浓度（1 mmol·L^{-1}）。

表 4-4　过氧化氢浓度对发光强度的影响

测试液编号	1	2	3	4	5	6	7
水（mL）	1.9	1.8	1.6	1.4	1.0	0.5	0
20 mg·L^{-1} Na_2SO_3 标准溶液（mL）	1	1	1	1	1	1	1
4 mmol·L^{-1} H_2O_2 溶液（mL）	0.1	0.2	0.4	0.6	1.0	1.5	2
4 mmol·L^{-1} 鲁米诺溶液（mL）	1	1	1	1	1	1	1
发光强度（a.u.）							

4. 标准曲线　用移液器按表 4-5 中体积数依次加入水、不同体积的 Na_2SO_3 标准溶液、H_2O_2 溶液于比色皿中，设置好荧光分光光度计测定条件后，加入鲁米诺溶液，配制成含 1 mmol·L^{-1} H_2O_2、1 mmol·L^{-1} 鲁米诺，Na_2SO_3 浓度分别为 1 mg·L^{-1}、2 mg·L^{-1}、3 mg·L^{-1}、4 mg·L^{-1}、5 mg·L^{-1}、8 mg·L^{-1} 和 10 mg·L^{-1} 的 7 份测试液。反应 60 s 测定化学发光强度，同时读取空白值（用水代替 Na_2SO_3 标准溶液），计算化学发光差值 ΔI（测定值－空白值），绘制化学发光强度 ΔI 与 Na_2SO_3 浓度的曲线，拟合回归方程和相关系数 R^2，计算检测限。

表 4-5　Na_2SO_3 浓度与发光强度的关系

测试液编号	1	2	3	4	5	6	7
水（mL）	1.9	1.8	1.7	1.6	1.5	1.2	1.0

续表

测试液编号	1	2	3	4	5	6	7
40 mg·L^{-1} Na_2SO_3 标准溶液（mL）	0.1	0.2	0.3	0.4	0.5	0.8	1
4 mmol·L^{-1} H_2O_2 溶液（mL）	1	1	1	1	1	1	1
4 mmol·L^{-1} 鲁米诺溶液（mL）	1	1	1	1	1	1	1
发光强度（a.u.）							

5. 实际样品及回收率的测定　市售银耳或香菇干燥粉碎后，称取 1.0 g 样品置于 100 mL 容量瓶中，加 30 mL 水、1.0 mL 0.1 mol·L^{-1} NaOH 溶液，超声 15 min，然后用水定容，过滤后备用，作为样品溶液。

样品检测步骤：用移液器依次加入 1 mL 水、1 mL 样品溶液、1 mL 1 mmol·L^{-1} H_2O_2 溶液（不要颠倒加样顺序）于比色皿中，设置好荧光分光光度计测定条件后，加入 1 mL 1 mmol·L^{-1} 鲁米诺溶液。反应 60 s 测定化学发光强度，同时读取空白值（用水代替样品溶液），计算化学发光差值 ΔI，根据标准曲线计算样品中亚硫酸盐的含量。按样品检测步骤重复测定 1 次，取样品中亚硫酸盐含量的平均值。

回收率测定：用移液器依次加入 1 mL 样品溶液、1 mL 100 mg·L^{-1} Na_2SO_3 标准溶液、1 mL 1 mmol·L^{-1} H_2O_2 溶液于比色皿中，设置好荧光分光光度计测定条件后，加入 1 mL 1 mmol·L^{-1} 鲁米诺溶液。反应 60 s 测定化学发光强度，同时读取空白值（用水代替样品溶液），计算化学发光差值 ΔI，根据标准曲线计算样品中亚硫酸盐的含量。按回收率测定步骤重复测定 1 次，取亚硫酸盐含量的平均值。

五、实验数据处理

完成表 4-6，计算回收率和相对标准偏差（RSD）。

表 4-6　样品测定

样品	残留量（mg/kg）	加入量（mg/kg）	测出量（mg/kg）	回收率（%）	RSD（%）
银耳 1					
银耳 2					

六、思考题

1. 化学发光强度与哪些因素有关？

2. 鲁米诺化学发光法测定亚硫酸盐的原理是什么？

实验 14　鲁米诺-铁氰化钾流动注射化学发光法测定葡萄酒中白藜芦醇

一、实验目的

1. 了解鲁米诺-铁氰化钾化学发光体系的发光原理。

2. 了解白藜芦醇的功能。

3. 学习流动注射化学发光分析仪的操作。

二、实验原理

白藜芦醇，又称为芪三酚，是一种生物性很强的天然多酚类化合物，其化学名称为 (*E*)-3,5,4-三羟基二苯乙烯，主要来源于花生、葡萄、虎杖、桑椹等植物，是一种天然的抗氧化剂，可以预防和治疗肿瘤、动脉粥样硬化、心脑血管疾病，也可降低血液黏稠度，抑制血小板凝结和预防癌症等。白藜芦醇是葡萄酒（尤其是红葡萄酒）中最重要的功效成分。葡萄皮中的白藜芦醇会在酿造过程中被逐渐产生的乙醇所溶解。白藜芦醇对光不稳定，白藜芦醇的乙醇溶液在避光条件下仅能稳定数天，因此，分析白藜芦醇时，对照品溶液和样品溶液需现配现用。

测定白藜芦醇的原理是利用白藜芦醇能够显著增强鲁米诺-铁氰化钾化学发光反应的强度。白藜芦醇分子中的酚羟基被氧化产生的能量使激发态的鲁米诺分子增多，增强了鲁米诺-铁氰化钾体系的化学发光。在鲁米诺和铁氰化钾的浓度一定的条件下，加入白藜芦醇后反应体系的发光强度与空白溶液发光强度的差值与白藜芦醇的浓度呈线性正比关系（图 4-6）。

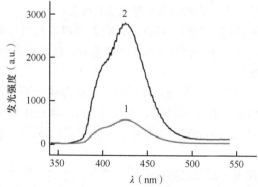

图 4-6　鲁米诺-铁氰化钾体系化学发光测定白藜芦醇的反应和化学发光光谱

1 为鲁米诺-铁氰化钾体系，2 为鲁米诺-铁氰化钾-白藜芦醇体系

三、实验仪器与试剂

1. 仪器 流动注射化学发光分析仪、离心机、电热恒温水槽、酸度计、磁力搅拌器。

2. 试剂 鲁米诺（$C_8H_7N_3O_2$，MW 177.16）、铁氰化钾 [$K_3Fe(CN)_6$，MW 329.24]、氢氧化钠（NaOH，MW 40.00）、白藜芦醇标准样品（$C_{14}H_{12}O_3$，MW 228.24）、二次蒸馏水等。

3. 溶液

（1）鲁米诺储备溶液（$1×10^{-2}$ mol·L^{-1}）：称取 177.2 mg 鲁米诺，溶于 100 mL 蒸馏水中，置于 4℃冰箱备用，保存时间 1 周。

（2）白藜芦醇储备溶液（$1×10^{-4}$ mol·L^{-1}）：称取 2.3 mg 白藜芦醇标准样品，溶于 100 mL 蒸馏水中，置于 4℃冰箱保存，使用时适当稀释。

（3）铁氰化钾溶液（$2×10^{-5}$ mol·L^{-1}）：称取 658.5 μg 铁氰化钾，溶于 100 mL 蒸馏水中。

（4）氢氧化钠溶液（$1×10^{-3}$ mol·L^{-1}）：称取 4 mg 氢氧化钠，溶于 100 mL 蒸馏水中。

四、实验步骤

1. 标准曲线的测定

（1）配制鲁米诺溶液（$8×10^{-6}$ mol·L^{-1}）：取 80 μL 上述鲁米诺储备溶液，用上述氢氧化钠溶液定容至 100 mL（使用前现配现用）。

（2）用蒸馏水稀释上述白藜芦醇储备溶液，稀释后浓度梯度如下：$1×10^{-8}$ mol·L^{-1}、$5×10^{-8}$ mol·L^{-1}、$1×10^{-7}$ mol·L^{-1}、$5×10^{-7}$ mol·L^{-1}、$1×10^{-6}$ mol·L^{-1}。

（3）运行流动注射化学发光分析仪，将上述鲁米诺溶液、铁氰化钾溶液通过主泵引入系统，转速 20 r/min；由副泵将白藜芦醇标准溶液引入系统，转速 20 r/min。三路溶液经过三通阀和一定长度的管路快速混合均匀后进入流通池，产生发光信号经光电倍增管放大后，由计算机记录并显示信号强度。

（4）以白藜芦醇浓度 c 为横坐标，加入白藜芦醇后反应体系的发光强度与对照组（未加白藜芦醇）发光强度的差值 ΔI_{CL} 为纵坐标，绘制标准曲线。

2. 待测样品的处理

（1）将 80 mL 红葡萄酒样品经减压抽滤，除去其中的不溶性杂质颗粒，然后取 50 mL 滤液置于烧杯中，加热至沸腾，持续 2 min，除去红葡萄酒中挥发性芳香物质，冷却至室温，以 10 000 r/min 转速离心 5 min，取上清液，按仪器工作条件进行测定。

（2）在相同条件下，由副泵将样品引入系统，产生的发光信号经光电倍增管放大后，记录信号强度。

五、实验数据处理

以白藜芦醇浓度 c 为横坐标，加入白藜芦醇后反应体系的发光强度与对照组发

光强度的差值 ΔI_{CL} 为纵坐标，绘制标准曲线，得回归方程和相关系数。根据该方程确定红葡萄酒样品中白藜芦醇的浓度（平均值 ± 标准差）。

六、思考题

1. 鲁米诺-铁氰化钾化学发光体系的发光原理是什么？

2. 流动注射化学发光分析仪相对于分立取样式化学发光分析仪有哪些优势？

实验 15　化学发光免疫法测定前列腺特异抗原（PSA）

一、实验目的

1. 掌握 ELISA 法的一般实验方法。

2. 了解 ELISA 化学发光法测定前列腺特异抗原的原理。

二、实验原理

前列腺特异抗原（prostate specific antigen，PSA）是前列腺细胞分泌的一种分子质量为 34 000 Da 的糖蛋白（丝氨酸蛋白酶），存在于前列腺组织、前列腺液、精液、血清和尿中。正常男性血清中 PSA 含量很低，而前列腺癌患者血清中 PSA 含量明显升高。一般血清中 PSA 值大于 4 μg·L^{-1} 时，表明 PSA 值升高，应进行前列腺的其他检查。目前，PSA 被公认为前列腺癌最好的肿瘤标志物，是辅助诊断前列腺癌的重要指标之一。

PSA 在血清中存在不同的分子形式，即游离 PSA（f-PSA）、与 α1 抗糜蛋白酶结合的结合型 PSA（PSA-ACT）、与 α2 巨球蛋白形成的复合物（PSA-A2M）等。免疫学方法很难检测到 PSA-A2M，通常报告的是血清的总 PSA（t-PSA），即 f-PSA 与 PSA-ACT 的总和。t-PSA 或 PSA-ACT 在前列腺癌患者血清中明显升高，在部分良性前列腺疾病（前列腺炎、前列腺增生）患者血清中也有轻微升高，特别是在低水平升高的重叠范围内（4～10 μg·L^{-1}），癌与良性疾病难以鉴别，测定 f-PSA 并计算 f-PSA/t-PSA 比值，能一定程度上进行区分。采用只与 f-PSA 反应不与 PSA-ACT 反应的单克隆抗体（monoclonal antibody，McAb）能测定 f-PSA；使用一般的 PSA 抗体，测出的是 t-PSA。本实验采用酶联免疫吸附分析法（ELISA）检测 t-PSA 的原理是用兔抗人 PSA 包被酶标板，分别加入待测 PSA 和碱性磷酸酶（AP）标记的兔抗人 PSA，生成复合物（兔抗人 PSA-PSA-兔抗人 PSA-AP）后，加入碱性磷酸酶的底物 AMPPD（1, 2-二氧环乙烷类衍生物），产生 470 nm 的光（图 4-7），470 nm 处的发光强度与 PSA 含量呈正比。

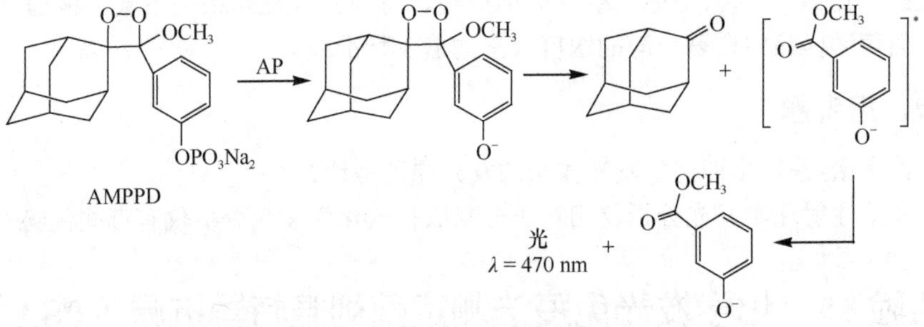

图 4-7　ELISA 法检测 PSA 的原理示意图

三、实验仪器与试剂

1.仪器　酶标仪、紫外-可见分光光度计、比色皿、分析天平、离心机、电热恒温烘箱、旋涡混合器、pH 计、恒温水浴锅、移液器、烧杯、容量瓶、漏斗、离心管。

2.试剂与耗材　PSA 抗原、AP 酶、兔抗人 PSA、$NaIO_4$（CAS No. 7790-28-5，MW 213.89）、$(NH_4)_2SO_4$（MW 132.14）、BSA（牛血清白蛋白），$MgCl_2$（MW 95.21）、AMPPD（CAS No. 122341-56-4，$C_{18}H_{23}O_7P$，MW 382.35）、Tween-20、Na_2CO_3（MW 105.99）、$NaHCO_3$（MW 84.01）、Na_2HPO_4（MW 141.96）、NaH_2PO_4（MW 119.95）、血清样品、96 孔酶标板（聚苯乙烯）、28% 氨水、乙二醇（MW 62.07）、H_2SO_4、去离子水等。

3.溶液

（1）包被缓冲液：称取 0.53 g Na_2CO_3、0.42 g $NaHCO_3$，溶于 100 mL 去离子水中，制成碳酸盐缓冲液（0.05 $mol \cdot L^{-1}$，pH 9.6），4℃冰箱中保存。

（2）磷酸盐缓冲液（PBS）（0.15 $mol \cdot L^{-1}$，pH 7.4）：分别称取 0.8 g NaCl 和 0.02 g KCl 溶于 84 mL Na_2HPO_4（0.15 $mol \cdot L^{-1}$）溶液中，加入 16 mL NaH_2PO_4（0.15 $mol \cdot L^{-1}$）溶液，得到 100 mL PBS，4℃冰箱中保存。

（3）磷酸盐吐温缓冲液（PBST）：1000 mL PBS 中加入 0.5 mL 吐温-20（Tween-20），构成 0.05% Tween-20 的 PBS，4℃冰箱中保存。

（4）BSA 封闭液（0.01 $g \cdot mL^{-1}$）：称取 BSA 1 g，加 PBST 至 100 mL（现用现配）。

（5）底物缓冲液：称取 9.5 mg $MgCl_2$，溶于 100 mL 碳酸盐缓冲液（0.05 $mol \cdot L^{-1}$，pH 9.6）中，制备成含 1 $mmol \cdot L^{-1}$ $MgCl_2$ 的碳酸盐缓冲液，4℃冰箱中保存。

（6）AMPPD 溶液：称取 2.5 mg AMPPD 溶于 25 ml 底物缓冲液，配制 0.1 $mg \cdot mL^{-1}$ AMPPD 底物溶液，4℃冰箱中保存。

（7）饱和硫酸铵溶液：100 mL 水中加 90 g $(NH_4)_2SO_4$，80℃加热溶解，冷却至室温有结晶析出，用 28% 氨水调至 pH 7.2，取上清液作饱和硫酸铵溶液。

（8）$NaIO_4$ 溶液（0.1 $mol \cdot L^{-1}$）：称取 2.14 g $NaIO_4$ 溶于 100 mL 水中。

（9）乙二醇水溶液（0.16 $mol \cdot L^{-1}$）：用移液器量取 913 μL 或称量 1.0 g 乙二醇，加到 100 mL 水中。

四、实验步骤

1. 酶标抗体（兔抗人 PSA 抗体-AP）的制备　称取 5 mg AP 酶溶于 0.5 mL 纯水中，加入新鲜配制的 0.5 mL NaIO₄ 溶液（0.1 mol·L⁻¹），混匀，4℃静置 30 min 后，加入 0.5 mL 乙二醇水溶液（0.16 mol·L⁻¹），静置 30 min 后，加入 1 mL 纯化的兔抗人 PSA 水溶液（5 mg·mL⁻¹），混匀并装入透析袋，缓慢搅拌下在碳酸盐缓冲液（0.05 mol·L⁻¹，pH 9.6）中透析 6 h（或过夜），搅拌下逐滴加入等体积的饱和硫酸铵溶液，4℃静置 30 min 后，离心，将所得沉淀物溶于少许 PBS（0.15 mol·L⁻¹，pH 7.4）中，在 PBS（0.15 mol·L⁻¹，pH 7.4）中透析 6 h 去除 NH₄⁺，离心去除沉淀，上清液为酶-抗体结合物，冷冻保存。

2. 包被酶标板

（1）以包被缓冲液稀释的兔抗人 PSA 水溶液（5 mg·L⁻¹）包被酶标板，100 μL/孔，37℃孵育 3 h，4℃过夜。

（2）用 PBST 洗涤酶标板，250 μL/孔，每次 1 min，洗涤 4 次，洗涤后在吸水纸上拍干。

（3）加入 BSA 封闭液（0.01 g·mL⁻¹），250 μL/孔，37℃封闭 0.5 h，倾去封闭液，重复洗涤 4 次，在吸水纸上拍干，然后吹干，4℃保存。

3. 测定 PSA 的标准曲线

（1）在包被的酶标板中，分别加入用 PBS 稀释成浓度为 0 mg·L⁻¹、5 mg·L⁻¹、10 mg·L⁻¹、25 mg·L⁻¹、50 mg·L⁻¹、100 mg·L⁻¹、250 mg·L⁻¹ 的 PSA 溶液，100 μL/孔（3 个平行），37℃温育 1.5 h，倾去液体，同步骤（2）中的洗涤。

（2）加入 1∶250 稀释度的兔抗人 PSA 抗体-AP（PBS 稀释），100 μL/孔，37℃温育 1 h，加入底物溶液 AMPPD，100 μL/孔，反应 15 min。

（3）化学发光分析仪测定 470 nm 处的发光强度。

4. 血清中 PSA 浓度的测定

（1）血清样品制备：采取空腹静脉血约 4 mL 于干燥试管中，检测前 3000 r/min 离心 10 min 后取上清液备用。

（2）在包被的酶标板中，分别加入 PSA 样品溶液，100 μL/孔（3 个平行），37℃温育 1.5 h，倾去液体，同步骤（2）中的洗涤。加入 1∶250 稀释度的兔抗人 PSA 抗体-AP，100 μL/孔，37℃温育 1 h，加入底物溶液 AMPPD，100 μL/孔，反应 15 min。每孔加入 50 μL 终止液终止反应，酶标仪测定 470 nm 处的发光强度。

五、实验数据处理

（1）以发光强度值为横坐标，PSA 浓度为纵坐标，绘制测定 PSA 的标准曲线。拟合回归方程和相关系数 R^2。

（2）根据 PSA 样品溶液的发光强度和测定 PSA 的标准曲线，计算血清中 PSA 含量（mg·g⁻¹）。

六、思考题

1. AMPPD 的发光原理是什么？

2. AMPPD 发光反应的 pH 范围是多少？

实验 16 化学发光免疫-磁珠法检测甲胎蛋白（AFP）

一、实验目的

1. 掌握化学发光免疫法测定甲胎蛋白的基本原理和方法。

2. 熟悉化学发光免疫法的操作流程。

二、实验原理

化学发光免疫法检测甲胎蛋白（AFP）的原理如图 4-8 所示，AFP 抗体修饰的磁珠和碱性磷酸酶（AP）标记的抗体与 AFP 在溶液中发生免疫反应形成双抗体夹心复合物，磁分离洗涤后，加入碱性磷酸酶的发光底物 AMPPD，AMPPD 产生波长 470 nm 的发光。

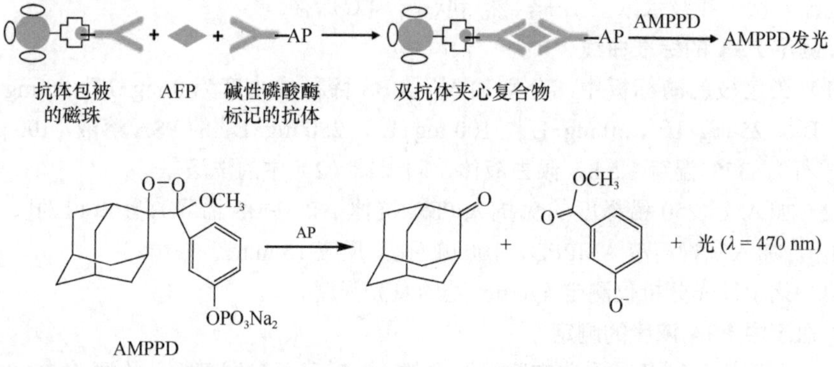

图 4-8　化学发光免疫法检测甲胎蛋白的示意图

AFP 抗体修饰的磁珠通过链霉亲和素化的磁珠与生物素化的 AFP 抗体结合生成，而链霉亲和素化的磁珠通过表面修饰了羧基的磁珠与链霉亲和素通过交联试剂（EDC/NHS）生成（图 4-9）。

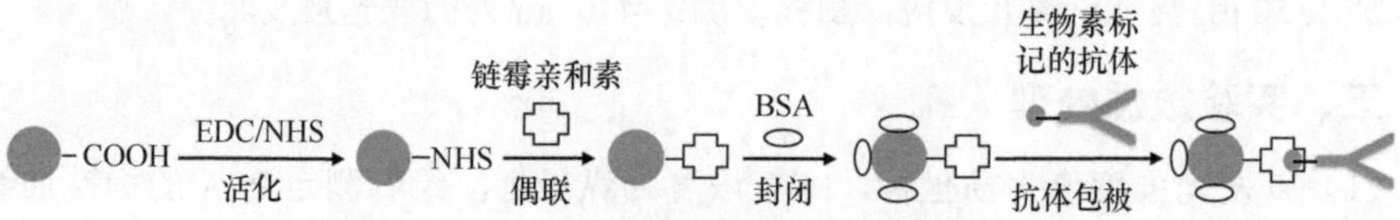

图 4-9　抗体修饰的磁珠制备示意图

三、实验仪器与试剂

1. 仪器　化学发光仪、振荡器、移液器、离心管、磁离心架等。

2. 试剂　羧基修饰的磁珠悬浮液、[1-(3-二甲氨基丙基)-3-乙基碳二亚胺盐酸盐（EDC，$C_8H_{18}N_3Cl$，MW 191.7）]、N-羟基琥珀酰亚胺（NHS，$C_4H_5NO_3$，MW 115.09）、二甲基亚砜（DMSO，C_2H_6OS，MW 78.13）、链霉亲和素、生物素标记的 AFP 抗体溶液、2-氨基-2-甲基-1-丙醇（AMP，$C_4H_{11}NO$，MW 89.14）、2-吗啉乙磺酸（MES，$C_6H_{13}NO_4S$，MW 195.24）、氯化钠（NaCl，MW 58.44）、磷酸钠（Na_3PO_4，MW 119.98）、碱性磷酸酶标记的 AFP 抗体、AMPPD、AFP、全血样本、牛血清白蛋白（BSA）、甘氨酸（$C_2H_5NO_2$，MW 75.067）、盐酸（AR）、蒸馏水等。

3. 溶液

（1）EDC/NHS 的 DMSO 溶液：称取 1.0 mg EDC 和 1.0 mg NHS，分别用 100 μL DMSO 溶解，得 100 μL EDC 的 DMSO 溶液和 100 μL NHS 的 DMSO 溶液。

（2）缓冲液：含 0.05 mol·L^{-1} MES 和 0.5 mol·L^{-1} NaCl 溶液，pH 5.0。

（3）偶联液：含 0.1 mol·L^{-1} Na_3PO_4 和 0.15 mol·L^{-1} NaCl 溶液，pH 7.5。

（4）0.1 mg·mL^{-1} 链霉亲和素溶液：称取 0.1 mg 链霉亲和素冻干粉置于离心管中，加入 1 mL 蒸馏水溶解冻干粉，如见溶液略呈浑浊，可经 16 000 g 离心 5 min 去除不溶物。配制好的溶液可分装后置于 −20℃ 保存，避免反复冻融。

（5）封闭液：20 mg·mL^{-1} 牛血清白蛋白与 20 mg·mL^{-1} 甘氨酸等体积溶于偶联液。

（6）AMP 缓冲液（0.5 mol·L^{-1}，pH 9.5）：称取 445.7 mg AMP，溶于 10 mL 水中。用 HCl 调节 pH 至 9.5。

四、实验步骤

1. 链霉亲和素化的磁珠制备　取 300 μL 羧基修饰的磁珠悬浮液（1 mg·mL^{-1}）加到 5 mL 的离心管中，加入 1 mL 反应缓冲液，振荡洗涤，洗涤 3 次，加入活化剂 10 mg·mL^{-1} EDC 100 μL 和 10 mg·mL^{-1} NHS 100 μL，加入偶联液 1 mL，再加入 0.1 mg·mL^{-1} 链霉亲和素 100 μL，混合反应 2 h。洗涤 1 次，加入 1 mL 封闭液。室温反应 1 h，用 100 μL 封闭液洗涤 3 次，每次振荡洗涤 5 min。清洗过量的牛血清白蛋白。

注意：最后的定容体积（300 μL）使磁珠颗粒浓度保持 1 mg·mL^{-1}，但由于磁珠表面经过链霉亲和素偶联和牛血清白蛋白封闭，实际浓度增加到约 2 mg·mL^{-1}。

2. AFP 抗体标记的磁珠制备　取 10 支离心管，向各管加入 2 mg·mL^{-1} 上述制备的链霉亲和素化的磁珠 50 μL。加入 50 μL 生物素标记 AFP 抗体溶液（10 ng·mL^{-1}），37℃ 孵育 60 min。缓冲液洗涤 3 次后，用磁铁分离样本，移除上清液中游离的生物素标记 AFP 抗体。

3. 血清样品制备　取全血样本 3～5 mL，加入含分离胶的带盖离心管，静置。在 3000 r/min 离心 8～10 min。红细胞沉入离心管底部，收集淡黄色的血清液体。

4. 双抗体夹心复合物的生成及化学发光检测　向上述 100 μL AFP 抗体标记的磁珠悬浮液中，加入 40 μL 碱性磷酸酶标记的 AFP 抗体（10 ng·mL^{-1}），加入 10 μL AMP 缓冲液，再分别加入 10 μL 不同浓度（0 ng·mL^{-1}、0.5 ng·mL^{-1}、1 ng·mL^{-1}、2 ng·mL^{-1}、5 ng·mL^{-1}、10 ng·mL^{-1}、20 ng·mL^{-1}、50 ng·mL^{-1}、100 ng·mL^{-1}）的 AFP 抗原标准品，混合后，37℃ 水浴下温育 15～30 min，形成夹心复合物（抗体包被的

磁珠-抗原-碱性磷酸酶标记的抗体）。

将离心管放在带有磁铁的离心管架上静置，小心移去溶液，加入 200 μL 清洗液通过磁分离清洗磁珠 3 次，加入 100 μL 发光底物 AMPPD，混合均匀，在化学发光仪中测定发光强度。

五、实验数据处理

用发光强度 I 对 $\log C_{AFP}$ 作图，绘制标准曲线，线性拟合获得标准曲线 $I = A \log C_{AFP} + B$ 中 A 和 B 的值。根据血清样品的发光强度和标准曲线，计算样品中的 AFP 浓度，判断样本是否异常。

六、思考题

1. 怎样对羧基修饰的磁珠进行表面活化？

2. 为什么需要使用干酪素或白蛋白？

3. 酶标抗体的温育时间不足，对最后的测量结果会产生怎样的影响？

第 5 章　酶分析法和酶联免疫吸附分析法（ELISA）

5.1　酶分析法和酶联免疫吸附分析法原理

酶分析法是指利用标记在分析材料（分析试剂、传感元件）上的酶与底物反应产生分析信号（颜色、荧光、化学发光等）进行分析的方法。按酶产生的分析信号，酶分析法可分为酶荧光分析法（荧光信号）、酶化学发光分析法（化学发光信号）、酶比色/紫外-可见吸收分析法（颜色/紫外吸收信号）。

酶联免疫吸附分析法（enzyme-linked immunosorbent assay，ELISA）是指利用酶标记的抗体/抗原与待测抗原/抗体反应，生成酶标记的抗原-抗体复合物，加入酶的底物产生颜色分析抗原/抗体的方法。ELISA 是一种将抗原-抗体反应的高特异性与酶反应的高灵敏性结合在一起的方法。ELISA 也是异相分析，待分析的抗原/抗体被结合在固相载体（多孔板、磁珠）上，加入试剂溶液（液相）反应后，通过洗涤除去未反应的物质和干扰物质，每一步反应都有洗涤过程，最终在固相载体上只有酶标记的抗原-抗体复合物，加入酶的底物产生的颜色深浅（吸光度）与待测抗原/抗体的量成正比。ELISA 属于酶比色/紫外-可见吸收分析法。

5.2　酶分析法和酶联免疫吸附分析法实验

实验 17　ELISA 法测定乳粉中 IgG

一、实验目的

1. 掌握 ELISA 法的一般实验方法。

2. 了解 ELISA 夹心法测定 IgG 的原理。

二、实验原理

研究表明，母乳中的免疫球蛋白（immunoglobulin，Ig）对婴幼儿生长发育的影响能延续十几年。在婴儿未出生之前，母体的 Ig 可通过胎盘转移到胎儿，出生后则是通过乳汁进一步传递这一免疫物质。人初乳中的主要保护性物质为 IgA。牛初乳的免疫活性物质主要是 IgG。将牛初乳乳清中的 IgG 加到婴幼儿配方食品中，能提高婴幼儿的免疫功能。本实验采用 ELISA 检测 IgG 的原理是用兔抗牛 IgG 包被酶标板，分别加入待测 IgG 和辣根过氧化物酶（HRP）标记的兔抗牛 IgG（二抗），在酶标板上生成复合物（兔抗牛 IgG-IgG-兔抗牛 IgG-HRP）后，加入辣根过氧化物酶的底物四甲基联苯胺（TMB），生成蓝色产物，加入反应终止液后转变成黄色产物（图 5-1），黄色产物的吸光度与 IgG 含量呈正比。

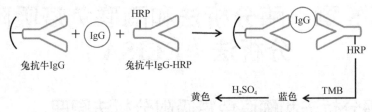

图 5-1 ELISA 法检测 IgG 的原理示意图

三、实验仪器与试剂

1. 仪器 酶标仪、分析天平、离心机、电热恒温烘箱、旋涡混合器、pH 计、恒温水浴锅、移液器、烧杯、容量瓶、漏斗、离心管等。

2. 试剂与耗材 标准牛 IgG、兔抗牛 IgG、兔抗牛 IgG-HRP、BSA（牛血清白蛋白）、TMB（四甲基联苯胺，CAS No. 54827-17-7，$C_{16}H_{20}N_2$，MW 240.34）、Tween-20、Na_2CO_3（MW 105.99）、$NaHCO_3$（MW 84.01）、Na_2HPO_4（MW 141.96）、NaH_2PO_4（MW 119.95）、柠檬酸（$C_6H_8O_7 \cdot H_2O$，MW 210.14）、N, N-二甲基甲酰胺、H_2SO_4、去离子水、婴幼儿配方奶粉、96 孔酶标板（聚苯乙烯）等。

3. 溶液

（1）包被缓冲液：称取 0.53 g Na_2CO_3、0.42 g $NaHCO_3$，溶于 100 mL 去离子水中，制成碳酸盐缓冲液（0.05 mol·L^{-1}，pH 9.6），4℃冰箱中保存。

（2）磷酸盐缓冲液（0.15 mol·L^{-1}，pH 7.4）：将 16 mL NaH_2PO_4（0.15 mol·L^{-1}）溶液加到 84 mL Na_2HPO_4（0.15 mol·L^{-1}）溶液中得 pH 7.4 的磷酸盐缓冲液 100 mL。

0.15 mol·L^{-1} NaH_2PO_4 溶液：称取 1.8 g NaH_2PO_4 溶于 100 mL 水中。

0.15 mol·L^{-1} Na_2HPO_4 溶液：称取 2.13 g Na_2HPO_4 溶于 100 mL 水中。

（3）PBST：1000 mL 磷酸盐缓冲液中加入 0.5 mL Tween-20，构成 0.05% Tween-20 的磷酸盐缓冲液，4℃冰箱中保存。

（4）BSA 封闭液：称取 BSA 1 g，加 PBST 至 100 mL（现用现配）。

（5）底物缓冲液：称取 2.84 g Na_2HPO_4、2.1 g 柠檬酸，溶于 200 mL 水中，制得 pH 为 5.0 的磷酸-柠檬酸盐溶液，4℃冰箱中保存。

（6）TMB 溶液：称取 10 mg TMB，加入 1 mL N, N-二甲基甲酰胺中，4℃冰箱中保存。

（7）终止液：H_2SO_4（2 mol·L^{-1}）。

四、实验步骤

1. 包被酶标板

（1）以包被缓冲液稀释的兔抗牛 IgG 溶液（5 mg·L^{-1}）包被酶标板，100 μL/孔，37℃孵育 3 h，4℃过夜。

（2）用 PBST 洗涤酶标板，250 μL/孔，每次 1 min，洗涤 4 次，洗涤后在吸水纸上拍干。

（3）加入 BSA 封闭液，250 μL/孔，37℃封闭 0.5 h，倾去封闭液，重复洗涤 4 次，在吸水纸上拍干，然后吹干，4℃保存。

2. 测定 IgG 的标准曲线

（1）在包被的酶标板中，分别加入用磷酸盐缓冲液稀释成浓度为 0 mg·L^{-1}、5 mg·L^{-1}、10 mg·L^{-1}、25 mg·L^{-1}、50 mg·L^{-1}、100 mg·L^{-1}、250 mg·L^{-1} 的标准牛 IgG 溶液，100 μL/孔（3 个平行），37℃温育 1.5 h，倾去液体，同"包被酶标板"步骤（2）中的洗涤。

（2）加入 1：250 稀释度的兔抗牛 IgG-HRP（磷酸盐缓冲液稀释），100 μL/孔，37℃温育 1 h，加入现配制的 TMB 溶液，100 μL/孔，反应 15 min。

（3）每孔加入 50 μL 终止液终止反应，酶标仪测定 450 nm 处的吸光度。

3. 奶粉中 IgG 浓度的测定

（1）IgG 样品溶液的制备：取 5 g 婴幼儿配方奶粉溶解于 80 mL 的磷酸盐缓冲液中，用 1：4 的盐酸调 pH 至 4.5～4.6，常温下 4000 r/min 离心 15 min，取上清液，用浓度为 1 mol·L^{-1} 的 NaOH 溶液调节 pH 至 7.4，定容到 100 mL 待用。

（2）在包被的酶标板中，分别加入 IgG 样品溶液，100 μL/孔（3 个平行），37℃温育 1.5 h，倾去液体，同"包被酶标板"步骤（2）中的洗涤。加入 1：250 稀释度的兔抗牛 IgG-HRP，100 μL/孔，37℃温育 1 h，加入现配制的 TMB 底物溶液，100 μL/孔，反应 15 min。每孔加入 50 μL 终止液终止反应，酶标仪测定 450 nm 处的吸光度。

五、实验数据处理

（1）以吸光度值为横坐标，IgG 质量浓度为纵坐标，绘制测定 IgG 的标准曲线。拟合回归方程和相关系数 R^2。

（2）根据 IgG 样品溶液的吸光度和测定 IgG 的标准曲线，计算婴幼儿配方奶粉中 IgG 含量（mg·g^{-1}）。

六、思考题

1. HRP 酶催化 TMB 时，变蓝色又变黄色，对应的产物是什么？

2. HRP 酶法显色能否用其他底物？

3. 终止液是什么？为什么能终止反应？

实验 18　ELISA 法测定癌胚抗原（CEA）

一、实验目的

1. 掌握 ELISA 法的一般实验方法。

2. 了解 ELISA 法测定癌胚抗原的原理。

二、实验原理

癌胚抗原（carcinoembryonic antigen，CEA）是一种糖蛋白，分子量约为 $2.0×10^4$。当机体产生某些恶性肿瘤（乳腺、肺、卵巢及膀胱癌）时，血中 CEA 含量会明显升高，CEA 是目前较广泛采用的癌症标志物。常规和连续测定血清中 CEA 含量是目前对结肠癌、直肠癌患者进行术后随诊以及监测肿瘤扩散复发较好的措施。CEA 含量的升高表明有病变残存或进展。外科手术切除干净后 6 周，CEA 水平一般应恢复正常，否则提示有残存肿瘤。CEA 含量逐渐升高提示局部复发，快速升高提示有向肝或骨转移的可能。目前血清中 CEA 含量的测定已成为一项常规的检测项目，测定血清 CEA 含量对于癌症的诊断、治疗和预后有重要的临床意义。

ELISA 检测 CEA 的原理是用兔抗人 CEA 包被酶标板，分别加入待测 CEA 和辣根过氧化物酶（HRP）标记的兔抗人 CEA，在酶标板上生成复合物（兔抗人 CEA-CEA-兔抗人 CEA-HRP）后，加入辣根过氧化物酶的底物邻苯二胺（OPD），生成橙红色产物（图 5-2），橙红色产物在 490 nm 处的吸光度与 CEA 含量呈正比。

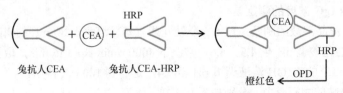

图 5-2 ELISA 法检测 CEA 的原理示意图

三、实验仪器与试剂

1. 仪器 酶标仪、分析天平、离心机、电热恒温烘箱、旋涡混合器、pH 计、恒温水浴锅、移液器、烧杯、容量瓶、漏斗、离心管等。

2. 试剂与耗材 CEA 抗原、HRP、兔抗人 CEA、$(NH_4)_2SO_4$、BSA（牛血清白蛋白），邻苯二胺（OPD，CAS No. 95-54-5，$C_6H_8N_2$，MW 108.14）、Tween-20、柠檬酸（CAS No. 5949-29-1，$C_6H_8O_7 \cdot H_2O$，MW 210.14）、NaH_2PO_4（MW 119.95）、Na_2HPO_4（MW 141.96）、血清样品、96 孔酶标板（聚苯乙烯）、$NaIO_4$、乙二醇、30% H_2O_2、28% 氨水、H_2SO_4、去离子等。

3. 溶液

（1）包被缓冲液：称取 0.53 g Na_2CO_3 和 0.42 g $NaHCO_3$，溶于 100 mL 去离子水中制成碳酸盐缓冲液（0.05 mol·L^{-1}，pH 9.6），4℃冰箱中保存。

（2）磷酸盐缓冲液（0.15 mol·L^{-1}，pH 7.4）：将 16 mL NaH_2PO_4（0.15 mol·L^{-1}）溶液加到 84 mL Na_2HPO_4（0.15 mol·L^{-1}）溶液中，得到 pH 7.4 的磷酸盐缓冲液 100 mL，4℃冰箱中保存。

（3）PBST：1000 mL 磷酸盐缓冲液中加入 0.5 mL Tween-20，构成 0.05% Tween-20 的磷酸盐缓冲液，4℃冰箱中保存。

（4）BSA 封闭液：称取 BSA 1 g，加 PBST 至 100 mL（现用现配）。

（5）底物缓冲液（磷酸-柠檬酸盐缓冲液，pH 5.0）：称取 2.84 g Na_2HPO_4、2.1 柠檬酸，溶于 200 mL 水中，4℃冰箱中保存。

（6）OPD（邻苯二胺）溶液：称取 40 mg 的 OPD，加入 100 mL 的底物缓冲液中，4℃冰箱中保存。临用前加 30% H_2O_2 50 μL。

（7）饱和 $(NH_4)_2SO_4$ 溶液：100 mL 水中加 90 g $(NH_4)_2SO_4$，80℃加热溶解，冷却至室温有结晶析出，用 28% 氨水调 pH 至 7.2，取上清液作饱和 $(NH_4)_2SO_4$ 溶液。

（8）终止液：H_2SO_4（$2\ mol\cdot L^{-1}$）。

（9）$NaIO_4$ 水溶液（$0.1\ mol\cdot L^{-1}$）：称取 2.14 g $NaIO_4$ 溶于 100 mL 水中。

（10）乙二醇水溶液（$0.16\ mol\cdot L^{-1}$）：用移液器量取 913 μL（或称量 1.0 g）乙二醇溶液，加到 100 mL 水中。

四、实验步骤

1. 酶标抗体（兔抗人 CEA-HRP）的制备 称取 5 mg HRP 溶于 0.5 mL 纯水中，加入新鲜配制的 0.5 mL $NaIO_4$ 水溶液（$0.1\ mol\cdot L^{-1}$），混匀，4℃ 静置 30 min 后，加入 0.5 mL 乙二醇水溶液（$0.16\ mol\cdot L^{-1}$），静置 30 min 后，加入 1 mL 纯化的兔抗人 CEA 水溶液（$5\ mg\cdot mL^{-1}$），混匀并装入透析袋，缓慢搅拌下在碳酸盐缓冲液（$0.05\ mol\cdot L^{-1}$，pH 9.6）中透析 6 h（或过夜），搅拌下逐滴加入等体积的饱和 $(NH_4)_2SO_4$ 溶液，4℃ 静置 30 min 后，离心，将所得沉淀物溶于少许磷酸盐缓冲液（$0.15\ mol\cdot L^{-1}$，pH 7.4）中，在磷酸盐缓冲液（$0.15\ mol\cdot L^{-1}$，pH 7.4）中透析 6 h 去除 NH_4^+，离心去除沉淀，上清液为酶-抗体结合物，冷冻保存。

2. 包被酶标板

（1）以包被缓冲液稀释的兔抗人 CEA 溶液（$5\ mg\cdot L^{-1}$）包被酶标板，100 μL/孔，37℃ 孵育 3 h，4℃ 过夜。

（2）用 PBST 洗涤酶标板，250 μL/孔，每次 1 min，洗涤 4 次，洗涤后在吸水纸上拍干。

（3）加入 BSA 封闭液（$0.01\ g\cdot mL^{-1}$），250 μL/孔，37℃ 封闭 0.5 h，倾去封闭液，重复洗涤 4 次，在吸水纸上拍干，然后吹干，4℃ 保存。

3. 测定 PSA 的标准曲线

（1）在包被的酶标板中，分别加入用磷酸盐缓冲液稀释成浓度为 $0\ mg\cdot L^{-1}$、$5\ mg\cdot L^{-1}$、$10\ mg\cdot L^{-1}$、$25\ mg\cdot L^{-1}$、$50\ mg\cdot L^{-1}$、$100\ mg\cdot L^{-1}$、$250\ mg\cdot L^{-1}$ 的 CEA 溶液，100 μL/孔（3 个平行），37℃ 温育 1.5 h，倾去液体，同"包被酶标板"步骤（2）中的洗涤。

（2）加入 1∶250 稀释度的兔抗人 CEA-HRP（磷酸盐缓冲液稀释），100 μL/孔，37℃ 温育 1 h，加入现配制的 OPD 溶液，100 μL/孔，反应 15 min。

（3）每孔加入 50 μL 终止液终止反应，酶标仪测定 490 nm 处的吸光度。

4. 血清中 CEA 浓度的测定

（1）血清样品制备：采取空腹静脉血约 4 mL 于干燥试管，检测前 3000 r/min 离心 10 min 后取上清液备用。

（2）在包被的酶标板中，分别加入含 CEA 血清样品溶液，100 μL/孔（3 个平行），37℃ 温育 1.5 h，倾去液体，同"包被酶标板"步骤（2）中的洗涤。加入 1∶250 稀释度的兔抗人 CEA-HRP，100 μL/孔，37℃ 温育 1 h，加入现配制的 OPD 溶液，100 μL/孔，反应 15 min。每孔加入 50 μL 终止液终止反应，酶标仪测定 490 nm 处的吸光度。

五、实验数据处理

（1）以吸光度值为横坐标，CEA 浓度为纵坐标，绘制测定 CEA 的标准曲线。拟合回归方程和相关系数 R^2。

（2）根据 CEA 样品溶液的吸光度和测定 CEA 的标准曲线，计算血清中 CEA 含量（mg·g^{-1}）。

六、思考题

1. 用辣根过氧化物酶标记抗体，加入的 NaIO$_4$、乙二醇和饱和硫酸铵分别起什么作用？

2. 橙红色产物可能是什么？

实验 19　葡萄糖氧化酶紫外-可见分光光度法测定血糖

一、实验目的

1. 掌握葡萄糖氧化酶法测定血糖含量的实验方法。

2. 熟悉葡萄糖氧化酶法测定血糖含量的实验原理。

二、实验原理

葡萄糖氧化酶（GOD）利用氧和水将葡萄糖氧化为葡萄糖酸，并释放过氧化氢。过氧化物酶（POD）在色原性氧受体存在时将过氧化氢分解为水和氧，并使色原性氧受体 4-氨基安替比林和酚去氢缩合为红色醌类化合物，即 Trinder 反应（图 5-3）。红色醌类化合物的生成量与葡萄糖含量成正比，与同样处理的标准葡萄糖溶液比较 505 nm 波长的吸光度，可测得葡萄糖含量，反应方程式如下：

$$葡萄糖 + O_2 + H_2O \xrightarrow{GOD} 葡萄糖酸 + H_2O_2$$

$$H_2O_2 + 苯酚 + 4\text{-}氨基安替比林 + O_2 \xrightarrow{POD} 红色醌亚胺 + H_2O + O_2$$

图 5-3　氧化酶法测定葡萄糖的反应

三、实验仪器与试剂

1. **仪器**　紫外-可见分光光度计、比色皿、分析天平、恒温水浴锅、移液器、烧杯、容量瓶、漏斗、离心管等。

2. **试剂**　4-氨基安替比林（C$_{11}$H$_{13}$N$_3$O，MW 203.24）、过氧化物酶（EC1.11.1.7）、葡萄糖氧化酶（EC1.1.3.4）、叠氮钠（NaN$_3$，MW 65.01）、苯酚（C$_6$H$_6$O，MW 94.11）、磷酸氢二钠（Na$_2$HPO$_4$，MW 141.96）、磷酸二氢钾（KH$_2$PO$_4$，MW 136.09）、氢氧化钠（NaOH，MW 40.00）、盐酸（HCl，36.5%，MW 36.46）、氯化钠（NaCl，MW 58.44）、苯甲酸（C$_7$H$_6$O$_2$，MW 122.12）、葡萄糖（C$_6$H$_{12}$O$_6$，MW 180.16）、钨酸钠（Na$_2$WO$_4$，MW 293.83）均为分析纯，蒸馏水，血清样本等。

3. **溶液**

（1）磷酸盐缓冲液（0.1 mol·L^{-1}，pH 7.0）：称取 Na$_2$HPO$_4$ 8.67 g 和 KH$_2$PO$_4$ 5.3 g 溶于 800 mL 蒸馏水中，用少量 1 mol/L 的 NaOH 或 HCl 调 pH 至 7.0，再加蒸馏水定容至 1000 mL。

（2）酶试剂：称取过氧化物酶 1200 U，葡萄糖氧化酶 1200 U，4-氨基安替比林 10 mg，叠氮钠 100 mg，溶于 80 mL 磷酸盐缓冲液中，用 1 mol/L 的 NaOH 调节 pH 至 7.0，用磷酸盐缓冲液定容至 100 mL，置于 4℃保存备用。

（3）酚溶液：称取重蒸馏提纯的苯酚 100 mL 溶于蒸馏水 100 mL 中，用棕色瓶贮存。

（4）酶酚混合试剂：酶试剂及酚溶液等量混合，4℃可以存放 1 个月。

（5）苯甲酸溶液（12 mmol·L^{-1}）：溶解苯甲酸 1.4659 g 于约 800 mL 蒸馏水中，加热助溶，冷却后加蒸馏水定容至 1000 mL。

（6）葡萄糖标准贮存液（100 mmol·L^{-1}）：称取已干燥恒重的无水葡萄糖 1.802 g，溶于 12 mmol·L^{-1} 苯甲酸溶液约 70 mL 中，以 12 mmol·L^{-1} 苯甲酸溶液定容至 100 mL。2 h 以后方可使用。

（7）葡萄糖标准应用液（5 mmol·L^{-1}）：吸取葡萄糖标准贮存液 5.0 mL 放于 100 mL 容量瓶中，用 12 mmol·L^{-1} 苯甲酸溶液稀释至刻度，混匀。

（8）蛋白沉淀剂：溶解 Na$_2$HPO$_4$ 10 g、Na$_2$WO$_4$ 10 g、NaCl 19 g 于 800 mL 蒸馏水中，加入 1 mol·L^{-1} HCl 125 mL，加蒸馏水至 1000 mL 混匀。

四、实验步骤

1. 血清中葡萄糖的测定

（1）取试管 3 支，标明测定、标准、空白，分别加入血清样本 20 μL、葡萄糖标准应用液 20 μL、磷酸盐缓冲液 20 μL。

（2）分别向 3 支试管中加入酶酚混合试剂 3 mL，混匀后将 3 支试管同时置 37℃水浴保温 15 min，到时取出冷却。

（3）选择 505 nm 波长，以空白管为对照调零，读取各管吸光度值。

2. 全血（去蛋白血滤液）中葡萄糖的测定

（1）取蛋白沉淀剂 1 mL 加全血 50 μL 混匀，放置 7 min，离心取上清液，得到去蛋白血滤液。

（2）取去蛋白血滤液 0.5 mL 于测定管内。

（3）取蛋白沉淀剂 1 mL 加葡萄糖标准应用液 50 μL，混匀后从中取 0.5 mL 于标准管内；另取蛋白沉淀剂 0.5 mL 于空白管内。

（4）以上 3 管各加酶酚混合试剂 3 mL，混匀后放入 37℃恒温水浴锅保温 15 min，取出采用"血清中葡萄糖的测定"步骤（3）测定吸光度值。根据测出的吸光度值，计算血清和去蛋白血滤液中葡萄糖浓度（以 mg·dL^{-1} 或 mmol·L^{-1} 表示）。

五、实验数据处理

$$血糖浓度（mg·dL^{-1}）= \frac{测定管吸光度}{标准管吸光度} \times 100\%$$

$$血糖浓度（mmol·L^{-1}）= \frac{10}{180} \times 血糖浓度（mg·dL^{-1}）$$

注意事项：

（1）葡萄糖氧化酶法测血糖，色原性氧受体种类较多，以往多用邻联茴香胺等，但因其有轻微致癌作用，现已很少应用。本实验为国家卫生健康委员会临床检验中心推荐，测血糖显色灵敏且稳定。

（2）无水葡萄糖结晶属于 α-D 型，溶于水中，部分葡萄糖发生变旋光作用，形成 β 型，2 h 后 α 型与 β 型比例达成平衡，α 型占 36%，β 型占 64%。因此葡萄糖标准液需在葡萄糖溶解 2 h 后才能使用。

六、思考题

（1）酶试剂为什么要用磷酸盐缓冲液配制，而不用蒸馏水配制？

（2）试分析影响本实验的因素有哪些，为什么？

实验 20　胆固醇氧化酶紫外-可见分光光度法测定血清中总胆固醇

一、实验目的

1. 了解胆固醇氧化酶法测定胆固醇的原理。

2. 了解胆固醇检测的临床意义。

二、实验原理

总胆固醇（total cholesterol，TC）包括游离胆固醇（free cholesterol）和胆固醇酯（cholesteryl ester）。样品中的胆固醇酯在胆固醇酯酶（cholesterol esterase，CE）的作用下水解生成游离的胆固醇，水解产生的胆固醇和样品中游离的胆固醇在胆固醇氧化酶（cholesterol oxidase，COD）的作用下，生成 4-胆甾烯-3-酮和过氧化氢，过氧化氢经 Trinder 反应，即在过氧化物酶（peroxidase，POD）作用下与 4-氨基安替比林（4-APP）和苯酚反应生成红色的醌类化合物（醌亚胺）（图 5-4），醌类化合物的红色与胆固醇含量成正比，可通过比色或测定醌亚胺在 505 nm 处的吸光度，与胆固醇的标准品比较，计算出样品中胆固醇的总量。

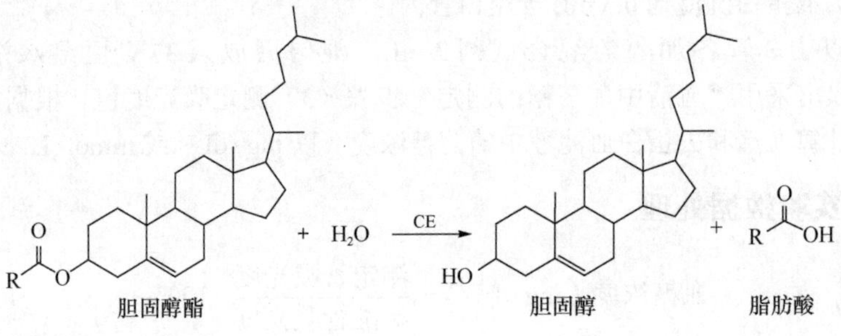

胆固醇酯　　+ H₂O　　$\xrightarrow{\text{CE}}$　　胆固醇　　+ 脂肪酸

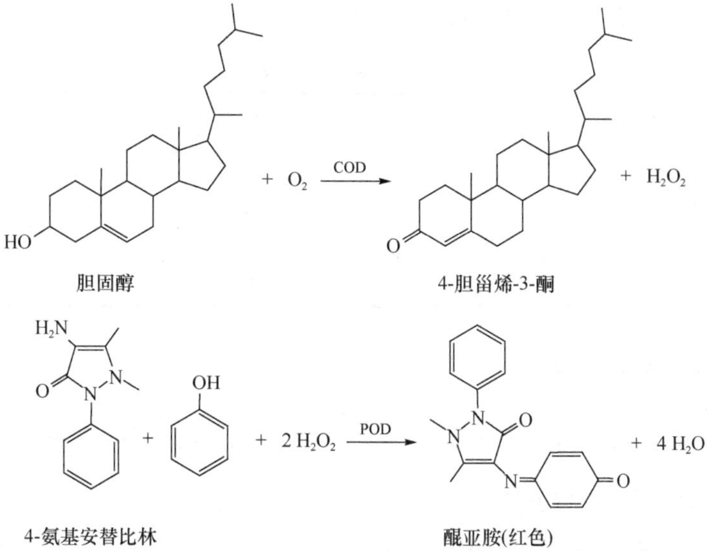

图 5-4　氧化酶法测定胆固醇的反应

三、实验仪器与试剂

1. 仪器　紫外-可见分光光度计、分析天平、移液器、水浴锅、烧杯等。

2. 试剂　胆固醇标准品（CAS No. 57-88-5，$C_{27}H_{46}O$，MW 386.65）、胆固醇酯酶、胆固醇氧化酶、过氧化物酶、4-氨基安替比林（4-AAP，CAS No. 83-07-8，$C_{11}H_{13}N_3O$，MW 203.24）（AR）、苯酚（CAS No. 108-95-2，C_6H_6O，MW 94.11）（AR）、$NaH_2PO_4 \cdot 2H_2O$（MW 156.01）、$Na_2HPO_4 \cdot 2H_2O$（MW 178.05）、蒸馏水、血清样品等。

3. 溶液

（1）胆固醇测定试剂：分别称取胆固醇酯酶、胆固醇氧化酶、过氧化物酶、4-氨基安替比林和苯酚于 2 mL 离心管中，加入 2 mL 磷酸盐缓冲液（100 mmol·L^{-1}，pH 7.5），使 1 mL 溶液分别含 3 kU·L^{-1} 胆固醇酯酶、0.3 U·L^{-1} 胆固醇氧化酶、2 kU·L^{-1} 过氧化物酶、0.3 mmol·L^{-1} 4-氨基安替比林和 1.5 mmol·L^{-1} 苯酚。

（2）胆固醇标准溶液（5 mmol·L^{-1}）：称取 1.93 mg 胆固醇标准品溶于 1 mL 甲醇中。

（3）磷酸盐缓冲液（100 mmol·L^{-1}，pH 7.5）：将 16 mL 0.1 mol·L^{-1} NaH_2PO_4 溶液加到 84 mL 0.1 mol·L^{-1} Na_2HPO_4 溶液中获得 pH 7.5 的磷酸盐缓冲液 100 mL。

0.1 mol·L^{-1} NaH_2PO_4 溶液：称取 1.56 g $NaH_2PO_4 \cdot 2H_2O$ 溶于 100 mL 水中。

0.1 mol·L^{-1} Na_2HPO_4 溶液：称取 1.78 g $Na_2HPO_4 \cdot 2H_2O$ 溶于 100 mL 水中。

四、实验步骤

（1）血清样品的制备：吸取 1 mL 血液，离心分离，取上清液。

（2）样品测定：取 3 个 1.5 mL 离心管，标明空白、标准、测定，按表 5-1 所示分别加入 300 μL 胆固醇测定试剂，再分别加入 3 μL 蒸馏水、胆固醇标准溶液和血清样品分别混合，37℃孵育反应 10 min，立刻测定在 505 nm 波长下的吸光度。

表 5-1 溶液加入量

加入体积（μL）	空白管	标准管	测定管
血清样品	0	0	3
胆固醇标准溶液	0	3	0
蒸馏水	3	0	0
胆固醇测定试剂	300	300	300

五、实验数据处理

$$胆固醇含量（mmol \cdot L^{-1}）= \frac{测定管吸光度}{标准管吸光度} \times 标准溶液浓度$$

胆固醇参考值：理想范围＜5.2 mmol·L^{-1}（200 mg·dL^{-1}），边缘升高 5.23～5.69 mmol·L^{-1}（201～219 mg·dL^{-1}），升高≥5.72 mmol·L^{-1}（≥220 mg·dL^{-1}）。

六、思考题

1. 如何测定游离胆固醇含量？

2. 有无其他测定 H_2O_2 的比色/紫外光度分析法？

3. 血清中有无干扰酶法测定的物质？

实验 21 乙醇脱氢酶荧光法测定血清中乙醇

一、实验目的

1. 了解乙醇脱氢酶荧光法测定血清中乙醇的原理。

2. 了解乙醇在体内的代谢过程，乙醇生物取样的选择。

二、实验原理

乙醇（酒精）进入空胃后，可在 30～90 min 内被胃和肠道完全吸收入血，15～90 min 内，血液中乙醇浓度（blood alcohol concentration，BAC）可达到峰值。乙醇代谢主要是在肝脏内被氧化分解，少部分以原形经呼吸道、尿、汗直接排出体外。乙醇在人体内达到动态平衡后，各组织中乙醇的含量比例趋于稳定，血液中乙醇浓度（BAC）是呼气中乙醇浓度（BrAC）的 2100 倍左右，是唾液中的 0.93 倍，是尿液中的 0.71～0.83 倍。呼气检测受体温、呼出气体温度和湿度、呼吸技巧等多种因素的影响，目前只是用来作为是否酒后驾车的筛查方法。血液是乙醇含量检测最可靠、常用的样本，唾液和尿液一般只作为乙醇检测的辅助样本。

乙醇的检测方法很多，主要包括化学方法、酶分析法、气相色谱法、电化学法、半导体传感器法等。目前，在我国气相色谱法是测定血液中乙醇含量的标准方法，酶分析法是测定血液中乙醇含量的主要临床检查方法。

血清中乙醇在乙醇脱氢酶（alcohol dehydrogenase，ADH）的作用下生成乙醛，同时将氧化型辅酶Ⅰ（烟酰胺腺嘌呤二核苷酸，nicotinamide adenine dinucleotide，NAD）还原成还原型辅酶Ⅰ（NADH）（图5-5）。NADH在340 nm波长处有吸收；NADH同时也是一种荧光分子，最大发射波长为455 nm。因此，通过测定340 nm下的吸光度或455 nm下的荧光强度，对照标准曲线，可通过比色法或荧光法测定出乙醇的含量。血清中一些金属离子对乙醇脱氢酶的活性有抑制作用，加EDTA可消除抑制作用。

$$CH_3CH_2OH + 2\,NAD \xrightarrow{\quad ADH \quad} 2\,NADH + CH_3CHO$$

无荧光　　　　　　　　荧光

图5-5 乙醇脱氢酶法测定乙醇的反应

三、实验仪器与试剂

1. 仪器 紫外-可见分光光度计、分析天平、水浴锅、移液器、容量瓶、烧杯等。

2. 试剂 乙醇脱氢酶（ADH，$\geqslant 10.0\ U \cdot mg^{-1}$，CAS No. 9031-72-5）、辅酶Ⅰ（$NAD^+$，CAS No：20111-18-6，MW 685.41）、三羟甲基氨基甲烷 [Tris，$NH_2C(CH_2OH)_3$，CAS No. 77-86-1，MW 121.14]、HCl、乙二胺四乙酸二钠（$EDTA \cdot 2H_2O$，CAS No. 6381-92-6，$Na_2C_{10}H_{14}N_2O_8 \cdot 2H_2O$，MW 372.24）、无水乙醇（99.9%，MW 46.07）、超纯水等。

3. 溶液

（1）$50\ mmol \cdot L^{-1}$ Tris-HCl缓冲液（pH 8.5）：在100 mL容量瓶中，分别加入50 mL $0.1\ mol \cdot L^{-1}$ Tris溶液和14.7 mL $0.1\ mol \cdot L^{-1}$ HCl溶液，加水稀释至100 mL，溶液的pH为8.5。

$0.1\ mol \cdot L^{-1}$ Tris溶液：称取1.211 g Tris溶于100 mL水中。

$0.1\ mol \cdot L^{-1}$ HCl溶液：量取833 μL浓HCl（$12\ mol \cdot L^{-1}$）溶于99.17 mL水中。

（2）$0.2\ mol \cdot L^{-1}$ EDTA溶液：称取7.44 g $EDTA \cdot 2H_2O$置于小烧杯中，加热水溶解后，加水稀释至100 mL。

（3）$10\ U \cdot mL^{-1}$ ADH溶液：称取1 mg ADH置于离心管中，加1 mL水。

（4）$50\ mmol \cdot L^{-1}$辅酶Ⅰ（NAD^+）溶液：称取3.43 mg NAD^+溶于水中，加水定容至100 mL。

（5）乙醇标准溶液：吸取10.14 mL或称取8.008 g无水乙醇（$\geqslant 99.9\%$）置于100 mL容量瓶中，加超纯水，定容至100 mL，得80 mg·mL⁻¹乙醇标准溶液。密封、冷藏保存，使用期60天。

四、实验步骤

（1）血清样品制备：采集健康人静脉血2 mL，离心后制备血清样品。

（2）标准乙醇血清溶液制备：按表5-2，在2 mL离心管中，分别加入80 mg·mL⁻¹乙醇标准溶液20 μL、100 μL、200 μL、400 μL和500 μL，分别加入血清样品1000 μL，分别加入$0.2\ mol \cdot L^{-1}$ EDTA溶液25 μL，再分别加入水555 μL、475 μL、375 μL、175 μL和75 μL，构成1.6 mL溶液，混匀，获得的标准乙醇血清溶液的乙醇浓度分别为

1 mg·mL^{-1}、5 mg·mL^{-1}、10 mg·mL^{-1}、20 mg·mL^{-1}、25 mg·mL^{-1}。−20℃储存备用。

表 5-2 溶液加入量

样品	乙醇标准溶液（μL）	血清样品（μL）	EDTA溶液（μL）	水（μL）	总体积（μL）	标准乙醇血清溶液的乙醇浓度（mg·mL^{-1}）	测定乙醇血清溶液的乙醇浓度（mg·mL^{-1}）
1	20	1000	25	555	1600	1	0.1
2	100	1000	25	475	1600	5	0.5
3	200	1000	25	375	1600	10	1
4	400	1000	25	175	1600	20	2
5	500	1000	25	75	1600	25	2.5

（3）在石英比色皿中分别加入 3.05 mL 50 mmol·L^{-1} Tris-HCl 缓冲液（pH 8.5），350 μL 上述制备的 1 mg·mL^{-1} 标准乙醇血清溶液，40 μL 50 mmol·L^{-1} NAD^{+} 溶液后混匀，再加入 60 μL ADH 溶液，构成含 0.1 mg·mL^{-1} 乙醇的测定溶液，快速混匀 90 s 后，测定溶液在 455 nm 波长下的荧光强度。同样依次测定 0.5 mg·mL^{-1}、1 mg·mL^{-1}、2 mg·mL^{-1}、2.5 mg·mL^{-1} 测定乙醇血清溶液（表 5-2）的荧光强度。

（4）同样条件下测定血清样品的荧光强度。

五、实验数据处理

（1）以标准乙醇血清溶液的荧光强度为纵坐标，乙醇浓度为横坐标，绘制标准曲线。

（2）根据标准曲线，测定的血清样品的荧光强度，计算血清样品中乙醇的浓度。

《车辆驾驶人员血液、呼气酒精含量阈值与检验》（GB 19522—2024）规定，血液乙醇浓度≥0.20 mg·mL^{-1} 且＜0.80 mg·mL^{-1} 时为饮酒后驾车，≥0.8 mg·mL^{-1} 时则为醉酒驾车。

六、思考题

1. 乙醇脱氢酶法测定乙醇含量能否用紫外分光光度法测定？是什么原理？

2. 血液中乙醇的含量受哪些因素影响？酒驾检测取样和测定应注意什么？

实验 22 乙醇氧化酶-过氧化物酶紫外-可见分光光度法 测定血液中乙醇

一、实验目的

1. 掌握血液中分离血清的方法。

2. 掌握酶紫外-可见分光光度法测定血液中乙醇含量的原理和实验方法。

二、实验原理

过度饮酒已被列为世界公共卫生的主要问题之一，近 4% 的死亡与乙醇有关。

乙醇会刺激人的神经系统，影响人的正常行为。乙醇是酒的主要成分。本实验利用乙醇氧化酶（ALOD）催化氧化乙醇生成乙醛和 H_2O_2，通过测定 H_2O_2 从而测定乙醇的原理检测乙醇。测定 H_2O_2 是通过辣根过氧化物酶（HRP）催化 H_2O_2 将无色的 3,3',5,5'-四甲基联苯胺（TMB）氧化成蓝色的 3,3',5,5'-四甲基联苯胺二亚胺（图5-6），在 370 nm 或 620~650 nm 处产生吸收峰，测定 370 nm 的吸光度，对照标准浓度的乙醇溶液的工作曲线可计算出样品中乙醇的含量，反应方程式如下：

$$CH_3CH_2OH + O_2 \xrightarrow{ALOD} CH_3CHO + H_2O_2$$

$$\underset{\text{无色}}{H_2O_2 + 2\,TMB_{(red)}} \xrightarrow{HRP} \underset{\text{蓝色}}{2\,TMB_{(ox)} + 2\,H_2O}$$

图 5-6　乙醇氧化酶法测定乙醇的反应

三、实验仪器与试剂

1. 仪器　紫外-可见分光光度计、分析天平、离心机、移液器、烧杯、容量瓶、漏斗、离心管等。

2. 试剂　乙醇氧化酶（ALOD，E.C.1.1.3.13，5000 $U \cdot L^{-1}$）、辣根过氧化物酶（HRP，E.C.1.11.1.7，5000 $U \cdot L^{-1}$）、TMB 盐酸盐（$C_{16}H_{20}N_2 \cdot 2HCl$，MW 313.27）、无水乙醇（$C_2H_6O$，MW 46.07）、磷酸氢二钠（$Na_2HPO_4$，MW 141.96）、磷酸二氢钠（$NaH_2PO_4$，MW 119.96）等。

3. 溶液

（1）100 $mmol \cdot L^{-1}$ pH 7.5 的磷酸盐缓冲液：称取 11.92 g Na_2HPO_4 溶于 420 mL 水，称取 1.92 g NaH_2PO_4 溶于 80 mL 水，两者混合后稀释至 1 L，得 pH 7.5 缓冲液。

（2）0.5 $mmol \cdot L^{-1}$ TMB 溶液：称取 TMB 盐酸盐 39.2 mg，溶于 250 mL 水中。

四、实验步骤

1. 血清样品准备　血液样品置于离心管中离心 5 min，转速 2500~3000 r/min，完成后，取样品上层澄清淡黄色部分。

2. 未知血清样品测定

（1）分别量取 20 μL 血清样品、磷酸盐缓冲液 20 μL，置于 5 mL 试管中，然后向试管中加入 200 μL ALOD 溶液，补足溶液至 2 mL，37℃ 孵育 5 min。

（2）加入 200 μL HRP 溶液后将离心管置于避光环境中 37℃ 或室温条件下，加入显色剂 100 μL TMB 孵育 10~30 min。

（3）用紫外-可见分光光度计测定溶液在 370 nm 处的吸光度值（A），重复测量 3 次。

3. 工作曲线测定

（1）取不含乙醇的血清 1 份，加入无水乙醇至 5.0 $g \cdot L^{-1}$，然后再用同一血清稀释至 4.0 $g \cdot L^{-1}$、3.0 $g \cdot L^{-1}$、2.0 $g \cdot L^{-1}$、1.0 $g \cdot L^{-1}$、0.5 $g \cdot L^{-1}$、0.25 $g \cdot L^{-1}$、0.125 $g \cdot L^{-1}$ 和 0 $g \cdot L^{-1}$，9 个浓度梯度。

（2）在 5 mL 离心管中，分别加入不同浓度的含乙醇血清标准样 20 μL、磷酸盐缓冲液 20 μL，然后向试管中加入 200 μL ALOD 溶液，补足溶液至 2 mL，37℃孵育 5 min 后加入 200 μL HRP 溶液，最后将离心管置于避光环境中 37℃或室温条件下，加入显色剂 100 μL TMB 孵育 10~30 min。

（3）反应完成后，运用分光光度计读取溶液在 370 nm 处的吸光度值（A）。

注意事项：

（1）乙醇易挥发，采血后应及时分离血清并测定，每次测定用新的标准物校正。

（2）正常值测定时有一些标本可测出微量的"乙醇"值（0.01~0.15 g·L^{-1}），可能系血中残留的乙醇。

（3）如果测量时 A 值过高或过低，可能是由于反应的时间过长或过短。

五、实验数据处理

（1）根据测出的标准样品的吸光度值和标准样品的乙醇浓度绘制工作曲线，拟合回归方程 $Y = aX + b$，Y 为乙醇浓度（g·L^{-1}），X 为 A 值，a、b 为拟合曲线的参数。计算相关系数 R^2。

（2）将测得的样品 A 值代入回归方程，计算出乙醇浓度。

六、思考题

1. 分析影响 TMB 显色程度的因素有哪些？

2. TMB 的显色反应是否可以终止，若可以，对乙醇的浓度又该如何测定？

第6章　电化学分析法

6.1　电化学分析

化学反应通常是在反应物之间直接进行的，不需要电能。但是在电的作用下，一些物质能发生化学反应，反过来化学反应也能产生电能。消耗电能发生的化学反应或产生电能的化学反应都称为电化学反应。电化学反应主要是在电化学池中完成的（也可利用高压放电来实现，如氧气通过高压放电管转变为臭氧），电化学池（简称电池）是一种由插在电解质溶液中的两根电极和连接这两根电极的外部电路组成的装置。通过电极施加电能使溶液中的物质发生化学反应的电池叫电解池（electrolytic cell），电解池把电能转化成了化学能；溶液中的物质在电极上自发反应通过电极输出电能的电池叫原电池或伽伐尼电池（galvanic cell），原电池把化学能转变成了电能。

研究电和化学反应相互关系的科学称电化学。电池的电化学性质是电化学研究的主要内容。电池的电化学性质就是电池的电学性质（电极电位、电流、电量、电导等）与化学性质（电解质的组成、浓度、氧化态与还原态的比率等）之间的关系。

电化学分析法（electrochemical analysis）是应用电化学原理和技术分析物质组成和含量的方法。通常将被测定物作为电池电解质溶液中的一个组分，利用被测定物的浓度与电池的电极电位、电流、电导等参量之间的关系，通过测定这些参量获得被测定物的浓度或其他物理量。

电化学分析有悠久的历史，应用极其广泛。自从 1799 年意大利的物理学家伏打（A. Volta）制造伏打堆电池后，经过 200 多年的发展产生了几十种方法，这些分析方法按传统的分类可分为：电导分析法、电位分析法、伏安法、极谱分析法、电解分析法和库仑分析法等几大类。按国际理论和应用化学联合会（IUPAC）倡议可分为以下三类：既不涉及电极反应又不涉及双电层的分析方法，如电导分析、高频电导滴定等；涉及双电层但不涉及电极反应的分析方法，如表面张力的测定等；涉及电极反应的分析方法，如电位分析、电解分析、库仑分析、伏安分析等。

6.1.1　电位分析法的原理

电位分析法是在电池零电流的条件下，利用电池电极的电极电位与组分浓度间的关系进行测定的方法。用一个电极电位与被测物质浓度有关的指示电极和一个电极电位保持恒定的参比电极，以及被测物质的溶液组成电池（图 6-1），测定电池的电动势从而得到分析物浓度的方法。

对于 A^{n+} 离子的可逆反应

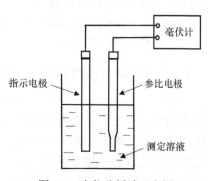

图 6-1　电位分析法示意图

$$A^{n+}(氧化态) + ne \longleftrightarrow A(还原态)$$

电池电极的电位与电极反应中组分浓度的关系遵守能斯特方程 [德国化学家能斯特（Nernst）]

$$E = E_0 - \frac{RT}{nF}\ln\frac{C_{还原态}}{C_{氧化态}}$$

式中，E_0：电极的标准电极电位，是定值；

R：理想气体常数，$8.314\ \text{J}\cdot\text{K}^{-1}\cdot\text{mol}^{-1}$；

T：反应温度（开尔文，K）；

n：电极反应的电子转移数；

F：法拉第常数，$96485\ \text{C}\cdot\text{mol}^{-1}$ 电子；

$\ln$：自然对数，$\ln = 2.303\ \log$；

$C_{还原态}$、$C_{氧化态}$：还原态的浓度或氧化态的浓度，更严格地表示是还原态或氧化态的活度。

在 25℃时，

$$E = E_0 - \frac{0.059}{n}\log\frac{C_{还原态}}{C_{氧化态}}$$

若浓度 $C_{还原态}$ 为定值，则上式变为

$$E = E_0 + \frac{0.059}{n}\log C_{氧化态}$$

测定待测物 A^{n+} 时，待测溶液与指示电极和参比电极构成如下电池

$$(-)\mid 指示电极 \parallel 待测溶液 \parallel 参比电极 \mid (+)$$

该电池的电动势为

$$E_{电池} = E_{参比电极} - E_{指示电极} = 常数 - \frac{0.059}{n}\log C_{氧化态}$$

通过测量电池的电动势 $E_{电池}$，可求出 A^{n+} 离子的浓度。

为消除样品溶液与标准溶液本底不同产生的电位差异，测量时，加入同量的高离子强度的缓冲溶液，使样品溶液与标准溶液的总离子强度和酸度基本上一致，这种用于保持溶液具有较高的离子强度的缓冲溶液称总离子强度调节缓冲溶液（total ionic strength adjustment buffer，TISAB）。TISAB 主要应用在电位分析法上，尤其是与离子选择性电极有关的电位分析。

6.1.2 伏安法和循环伏安法的原理

伏安法（voltammetry）是对电活性物质（能在电极表面发生氧化还原反应的物质）在电解过程中的电流-电压曲线（也称伏安曲线）进行分析的方法。伏安法中使用的工作电极是固体电极，如石墨电极、铂电极等。如果使用液态电极作为工作电极，如使用电极表面周期性更新的滴汞电极，则这种伏安法称为极谱法（polarography），极谱法是一种特殊的伏安法，早期是一种著名、广泛使用的分析方法。

伏安法是一种特殊形式的电解方法，它以小面积的工作电极与参比电极组成电解池，电解被分析物的稀溶液，根据所得的电流-电压曲线进行分析。伏安法不同于近乎零电流下的电位分析法，也不同于溶液组成发生较大改变的电解分析法，其工作电极表面积小，虽有电流通过，但溶液组成基本不变。

单扫描伏安法（线性扫描伏安法）：在静止电极（在未搅动的溶液中）上施加一个随时间线性变化的电位，测定电流-电压曲线进行分析的方法。单扫描伏安法的电位与时间的关系（图 6-2）为：

$$E = E_0 + v \cdot t$$

式中，E_0 为起始电位（V），v 为扫描速率（$V \cdot s^{-1}$），t 为扫描时间（s）。若电池中有一种电活性物质，则其电流响应如图 6-3 所示，在开始扫描至电极上发生化学反应的电位以前，电流没有明显的变化，扫描至发生电化学反应电位后，电流开始上升，上升至最大值后电流下降，呈峰形。在可逆电极反应条件下，25℃时，峰电流遵守兰德尔斯-谢夫奇克（Randles-Ševčík）方程（英国化学家 Randles 和捷克化学家 Ševčík 提出）

$$i_p = 2.69 \times 10^5 n^{3/2} A D^{1/2} v^{1/2} C$$

式中，i_p 为峰电流（A）；n 为电极反应的电子转移数；A 为电极的面积（cm^2）；C 为被分析物的浓度（$mol \cdot cm^{-3}$）；D 为被分析物的扩散系数（$cm^2 \cdot s^{-1}$）；v 为电位扫描速率（$V \cdot s^{-1}$）。

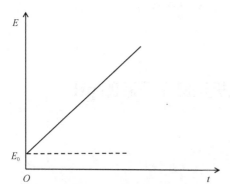 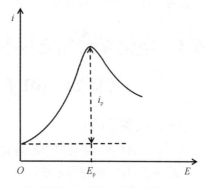

图 6-2　单扫描伏安法中电位与时间的关系　　　图 6-3　单扫描伏安图

所以，电流与被分析物的浓度呈正比，并随扫描速率的平方根的增加而增加。

伏安法中有一种重要的、广泛使用的方法称循环伏安法（cyclic voltammetry）。循环伏安法就是在电极上施加一个三角波形的线性扫描电位（图 6-4），即电位在线性扫描的基础上再回扫到原来的起始电位。图 6-5 是单循环电位扫描可逆体系（可逆反应）的循环伏安图，峰电流遵守 Randles-Ševčík 方程

$$i_p = 2.69 \times 10^5 n^{3/2} A D^{1/2} v^{1/2} C$$

阳极峰电位（E_{pa}，也称氧化峰电位）与阴极峰电位（E_{pc}，也称还原峰电位）遵守关系式

$$\Delta E_{\mathrm{p}} = E_{\mathrm{pa}} - E_{\mathrm{pc}} = \frac{57 \sim 63}{n} \quad (\text{单位: mV})$$

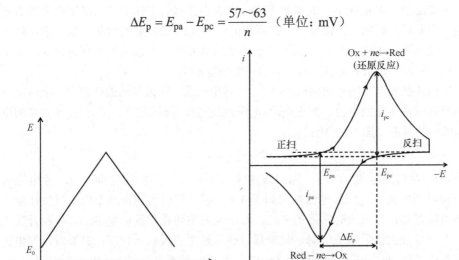

图 6-4　循环伏安法中电位与时间的关系　　　图 6-5　循环伏安图

根据循环伏安法中电流与浓度成正比的关系可进行分析物的测定，也能利用 Randles-Ševčík 方程用已知浓度的分析物溶液测定其扩散系数。

循环伏安法不仅能定量测定分析物，而且能提供峰电位、电极反应电子转移数、电极可逆性、反应中间体等众多信息，是电化学分析研究中最常用的方法。

6.2　电化学分析法实验

实验 23　pH 玻璃电极法测定尿液的 pH

一、实验目的

1. 了解 pH 玻璃电极测定溶液 pH 的原理。

2. 熟悉 pH 计的使用方法。

3. 了解溶液 pH 测定的影响因素。

二、实验原理

尿液 pH 即尿液酸度，反映了肾脏调节体液酸碱平衡的能力，是临床上诊断呼吸性或代谢性疾病及酸/碱中毒的重要指标。尿液 pH 受食物摄取、机体进餐后碱潮（指消化期因为分泌胃酸，暂时出现血和尿中 HCO_3^- 增多、pH 升高的现象）状态、生理活动和药物的影响，也受酸/碱中毒和代谢性疾病（泌尿道感染、糖尿病、痛风等）的影响。尿液 pH 检测临床上可采用 pH 试纸法、指示剂法、pH 计法。pH 计测定 pH 的原理是利用玻璃电极、参比电极（饱和甘汞电极）浸入含氢离子的待测液中构成电池（图 6-6）：

Hg，Hg_2Cl_2|KCl（饱和）||H^+ 待测液 | 玻璃膜 |pH 缓冲液，AgCl（饱和）|AgCl，Ag

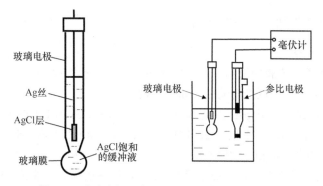

图 6-6　玻璃电极（左）和 pH 测定（右）示意图

电池的电动势（E）

$$E = E_{参比} - E_{玻}$$

玻璃电极的电位（25℃时）

$$E_{玻} = K - 0.059\,\text{pH}$$

电池的电动势 E 与玻璃膜外溶液的 pH 的关系为

$$E = K' + 0.059\,\text{pH}$$

$K' = E_{参比} - K$，是固定值，测定 pH 时，先用已知 pH（pHs）的标准缓冲液测出电池的电动势（Es），

$$E\text{s} = K' + 0.059\,\text{pHs}$$

再测定未知溶液的电动势，

$$E = K' + 0.059\,\text{pH}$$

所以未知溶液的 pH 为

$$\text{pH} = \text{pHs} + \frac{E - E\text{s}}{0.059}$$

三、实验仪器与试剂

1. 仪器　分析天平、pH 计、pH 玻璃电极、饱和甘汞电极。

2. 试剂　邻苯二甲酸氢钾（$C_8H_5O_4K$，MW 204.22，GR）、磷酸二氢钾（KH_2PO_4，MW 136.09，AR）、磷酸氢二钠（Na_2HPO_4，MW 141.96，AR）、硼砂（$Na_2B_4O_7 \cdot 10H_2O$，MW 381.37）；pH 4.0、6.86、9.18 的标准缓冲溶液，去离子水等。

3. 溶液

（1）pH 4.0 的标准缓冲溶液：将一定量的邻苯二甲酸氢钾在 110℃下烘干 1～2 h，冷至室温后，称取 1.21 g 置于烧杯中，用水溶解，转移至 100 mL 容量瓶中，稀释至刻度，摇匀备用。

（2）pH 6.86 的标准缓冲溶液：称取 0.339 g 磷酸二氢钾和磷酸氢二钠 0.335 g 于烧杯中，用水溶解，转移至 100 mL 容量瓶中，稀释至刻度，摇匀备用。

（3）pH 9.18 的标准缓冲溶液：称取 0.380 g 硼砂于烧杯中，用水（经煮沸除去

CO_2 冷却后的水）溶解，转移至 100 mL 容量瓶中，稀释至刻度，摇匀备用。

四、实验步骤

1. 标准 pH 缓冲溶液的配制 使用标准 pH 缓冲溶液试剂溶于纯水直接配制标准 pH 缓冲溶液或用分析纯试剂自配标准 pH 缓冲溶液。

2. pH 计的校准 打开 pH 计电源、预热、校正、调零，pH 玻璃电极和饱和甘汞电极夹在电极架上，接口端插入 pH 计接口。分别取 20 mL 左右 pH 6.86 和 pH 9.18 的标准缓冲溶液加到 50 mL 烧杯中。

（1）用装有纯净水的洗瓶冲洗电极架上的 pH 玻璃电极和饱和甘汞电极，用滤纸吸去电极表面水分。将电极放入 pH 6.86 的标准缓冲溶液中，晃动烧杯，读数稳定后为实验温度下该缓冲液的标准 pH。

（2）取出 pH 玻璃电极和饱和甘汞电极，用纯净水冲洗后，用滤纸吸去电极表面水分。将电极放入 pH 9.18 的标准缓冲溶液中，晃动烧杯，读数稳定后为实验温度下该缓冲液的标准 pH。

（3）重复上述步骤，校正 pH 计使读数与实验温度下标准 pH（表 6-1）相差＜±0.02 pH 单位。校正完成后，不再转动校正旋钮，否则应重新校正。

表 6-1　不同温度下标准 pH 缓冲溶液的 pH

温度（℃）	邻苯二甲酸氢钾缓冲液 pH	混合磷酸盐缓冲液 pH	硼酸盐缓冲液 pH
0	4.00	6.88	9.23
25	4.00	6.86	9.18
30	4.01	6.85	9.14
35	4.02	6.84	9.11
40	4.03	6.84	9.07

3. 尿样 pH 的测定 取 20 mL 尿样置于 50 mL 烧杯中，将冲洗干净的 pH 玻璃电极和饱和甘汞电极小心插入尿样溶液中，待读数稳定后记录溶液的 pH，重复测定 3 次，取平均值。

4. 清洗电极，关闭 pH 计电源。

五、实验数据处理

计算尿样的 pH、测定变异系数。

参考值：常规饮食条件下，晨尿，多偏弱酸性，pH 5.5～6.5，平均 pH 6.0；随机尿，pH 4.5～8.0。

六、注意事项

pH 玻璃电极使用前应在纯水中浸泡 24 h 左右活化后再使用。

七、思考题

1. 玻璃电极响应 pH 的原理是什么？

2. 测量 pH 时，标准缓冲溶液起什么作用？

实验 24　离子选择性电极法测定自来水中氟离子

一、实验目的

1. 了解离子选择性电极测定离子浓度的原理。

2. 掌握标准加入法和标准曲线法的定量原理。

二、实验原理

氟是人体必需的微量元素，对人骨骼和牙齿的生长、发育起重要作用，过量的氟摄入具有降低牙齿/骨骼的钙化、影响人体钙磷的代谢等危害。根据《生活饮用水卫生标准》（GB 5749—2022）生活饮用水中氟化物的含量应＜1.0 mg·L^{-1}。

离子选择性电极法是一种以离子选择性电极作为指示电极的电位分析法。离子选择性电极是对特定离子有选择性响应的电化学电极。氟离子选择性电极（简称氟电极）是由 LaF$_3$ 单晶敏感膜（掺有微量 EuF$_2$ 增强导电）、内参比溶液（0.1 mol·L^{-1} NaF 和 0.1 mol·L^{-1} NaCl 组成的混合液）和内参比电极（Ag-AgCl 电极）组成的电化学传感器（图 6-7）。将氟电极浸入含氟离子的待测溶液中时，其敏感膜内外两侧产生膜电位，与参比电极构成电池，电池的电动势与 F$^-$ 的浓度遵守能斯特公式，通过测定电池的电动势可以测得 F$^-$ 的浓度。

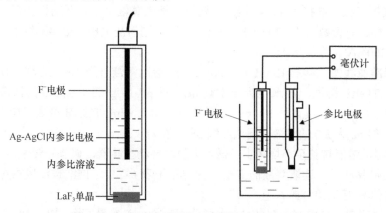

F$^-$电极

Ag-AgCl内参比电极

内参比溶液

LaF$_3$单晶

F$^-$电极

参比电极

毫伏计

图 6-7　氟离子选择性电极及其测定装置示意图

以氟电极为指示电极，饱和甘汞电极为参比电极浸入含氟离子的待测溶液中组成的电池：

Hg，Hg$_2$Cl$_2$|KCl（饱和）‖F$^-$ 待测液 |LaF$_3$|NaF，NaCl（0.1 mol·L^{-1}）|AgCl，Ag

电池的电动势（E）与 F$^-$ 的活度（a_{F^-}）在 25℃时存在关系：

$$E = K - 0.059 \lg a_{F^-}$$

溶液的离子强度恒定时，F$^-$ 的活度可用 F$^-$ 的浓度（c_{F^-}）代替

$$E = K - 0.059 \lg C_{F^-}$$

配制一系列不同浓度的 F⁻ 标准溶液，并测定相应的 E 值，作出 E-lg C_{F^-} 的标准曲线，测出 F⁻ 待测液的 E 值，根据标准曲线可测得待测液中 F⁻ 的含量。

三、实验仪器与试剂

1. 仪器 pH 计、氟离子选择性电极、饱和甘汞电极、电磁搅拌器、烧杯、容量瓶、移液器、分析天平等。

2. 试剂 NaF（AR，MW 41.99）、冰醋酸（AR）、NaCl（AR）、二水合柠檬酸钠（AR，$Na_3C_6H_5O_7 \cdot 2H_2O$，MW 294.10）、NaOH（AR）等。

3. 溶液

（1）0.1 mol·L⁻¹ F⁻ 标准溶液：称取 NaF（120℃干燥 2 h 后，冷却至室温）2.1 g 置于小烧杯中，用水溶解后转移至 500 mL 容量瓶中，加水定容。转移至聚乙烯试剂瓶中待用。

（2）总离子强度调节缓冲溶液（TISAB）：在 500 mL 烧杯中加入 250 mL 水和 28.5 mL 冰醋酸、29 g 氯化钠、6 g 二水合柠檬酸钠，搅拌至溶解，缓慢滴加 6 mol·L⁻¹ NaOH 溶液至溶液的 pH 为 5.0～5.5，冷却至室温，加水稀释至 500 mL。

四、实验步骤

1. 仪器的准备 接通仪器电源预热 20 min，仪器调零后将氟电极接负极，饱和甘汞电极接正极，选择"–mV"挡。将两电极插入蒸馏水中，开动搅拌器，调节搅拌速度适中。若读数大于 –300 mV（空白电位），则清洗电极，更换蒸馏水，直至读数小于 –300 mV。

2. 标准曲线法 移取 10 mL 0.1 mol·L⁻¹ F⁻ 标准溶液置于 100 mL 容量瓶中，加入 10 mL TISAB 溶液，加水定容至 100 mL，得 pF（–lg C_{F^-}）为 2.0 的溶液；移取 10 mL pF 为 2.0 的溶液置于 100 mL 容量瓶中，加入 9 mL TISAB 溶液，加水定容至 100 mL，得 pF 为 3.0 的溶液；同法配制 pF 分别为 4.0、5.0、6.0 的标准溶液。将 pF 为 2.0 的标准溶液转移至小烧杯中，插入电极，开动搅拌器，调节好转速，至 pH 计指针无明显移动时，读取溶液的 E 值，并记录于表 6-2 中。同法按浓度由低到高依次测定其他 F⁻ 标准溶液的 E 值。

3. 水样测定 移取 10 mL 自来水水样，置于 100 mL 容量瓶中，加入 10 mL TISAB 溶液，加水定容至 100 mL，移取溶液转移至小烧杯中，用上述步骤测定 Ex 值。

五、实验数据处理

（1）将测定的 E 值填写于表 6-2 中。

表 6-2 溶液的 E 值

pF	2.0	3.0	4.0	5.0	6.0
E（–mV）					

Ex = _____mV

（2）以 E 为纵坐标，pF 为横坐标，绘制 E-pF 标准曲线。

（3）根据标准曲线和 Ex，计算自来水中 F⁻ 含量，以 $mg \cdot L^{-1}$ 表示。

六、注意事项

（1）氟电极使用前应在 $1 \, mmol \cdot L^{-1}$ NaF 溶液中浸泡 1～2 h 后再使用。

（2）检查甘汞电极内是否有氯化钾晶体，没有时需补加，待溶解平衡后使用。

七、思考题

1. 加入的 TISAB 溶液起什么作用？

2. 离子选择性电极法测定的信号是什么？

实验 25　电位滴定法测定啤酒的总酸

一、实验目的

1. 掌握电位滴定法的原理。

2. 了解含有溶解性气体样品的脱气方法。

3. 掌握啤酒总酸的测定方法。

二、实验原理

啤酒中含 200 多种酸类成分，这些酸控制着啤酒的 pH 和总酸的含量。啤酒的总酸度是指其所含全部酸性成分的总量，即每 100 mL 啤酒样品所消耗 $1.000 \, mol \cdot L^{-1}$ NaOH 标准溶液的毫升数（滴定至 pH 9.0）。

啤酒总酸的检验和控制是十分重要的。"无酸不成酒"，啤酒中含适量的总酸，能赋予啤酒以柔和清爽的口感，是啤酒重要的风味因子。但酸总量过高或闻起来有明显的酸味也是不行的，这是啤酒可能发生了酸败的一个明显信号。根据《啤酒》（GB 4927—2008）中的规定：常见的 10.1°～14.0° 啤酒总酸度应≤2.6 mL/100 mL 酒样。在实际生产中则控制在≤2.0 mL/100 mL 酒样。

本实验利用酸碱中和原理，以 NaOH 标准溶液直接滴定啤酒样品中的总酸。因为啤酒中含有种类较多的脂肪酸和其他有机酸及其盐类，有较强的缓冲能力，所以在化学计量点处没有明显的突跃，用指示剂指示不能看到颜色的明显变化。但可以用 pH 计在滴定过程中随时测定溶液的 pH，至 pH 9.0 即为滴定终点。即使啤酒颜色较深也不妨碍测定。

三、实验仪器与试剂

1. 仪器　pH 计、pH 复合电极、移液器、恒温水浴锅、分析天平、烧杯等。

2. 试剂与耗材　邻苯二甲酸氢钾（GR，$C_8H_5O_4K$，MW 204.22）、pH 标准缓冲粉剂（pH 9.18）、酚酞（$C_{20}H_{14}O_4$，MW 318.32）、氢氧化钠（NaOH，MW 40.00）、盐酸（HCl，36.5%，MW 36.46）、氯化钾（KCl，MW 74.55）、蒸馏水、市售啤酒。保鲜膜、滤纸。

3. 溶液 NaOH 标准溶液（0.1 mol·L^{-1}）：称取 0.8 g NaOH，溶于 200 mL 水中备用。

酚酞指示剂溶液（10 g·L^{-1}）：称取 0.1 g 酚酞，溶于 10 mL 水中备用。

标准缓冲溶液（pH 6.86）：取 1 袋 pH 标准缓冲粉剂（pH 6.86，250 mL 规格），溶于 250 mL 水中。

标准缓冲溶液（pH 9.18）：取 1 袋 pH 标准缓冲粉剂（pH 9.18，250 mL 规格），溶于 250 mL 水中。

四、实验步骤

1. NaOH 标准溶液的配制和标定 称取 0.4～0.5 g（准确至 ±0.0001 g）于 105～110℃烘干至恒重的基准邻苯二甲酸氢钾，溶于 50 mL 不含二氧化碳的水中，加入 2 滴酚酞指示剂溶液，以新制备的 NaOH 标准溶液滴定至溶液呈微红色为其终点。同时做空白试验。

2. pH 计的校准 pH 计的核心部分是玻璃电极（内充 3 mol·L^{-1} KCl）。开机预热 30 min，调节温度为当天的室温。

（1）各取 5 mL pH 6.86 和 pH 9.18 的标准缓冲溶液，分别加入 10 mL 烧杯中。

（2）取下电极上的塑胶套，用纯净水清洗玻璃电极，用滤纸吸去残留水分。电极置于支架上。

（3）将玻璃电极放入 pH 6.86 标准缓冲溶液，按定位键后，按确定键。进入校准状态后，再按确定键，此时读数应显示为设定温度下该缓冲液的标准 pH。

（4）取出玻璃电极，用纯净水清洗玻璃电极，用滤纸吸去残留水分。

（5）将玻璃电极放入 pH 9.18 标准缓冲溶液，按斜率键后，按确定键。进入校准状态后，再按确定键，此时读数应显示为设定温度下该缓冲液的标准 pH。

（6）取出玻璃电极，用纯净水清洗玻璃电极，用滤纸吸去残留水分。

（7）可再次按上述第（3）～（6）步验证，使读数与该温度下的两点标称值相差在 ±0.02 单位以内。确定 pH 计的可靠性。

3. 样品的处理

（1）取 200 mL 烧杯两个，将 100 mL 酒样来回倾注 50 次（一个反复为一次）。

（2）将该酒样覆盖保鲜膜，在 40℃水浴中放置半小时，并不时振摇，以除去残余的二氧化碳（脱气）。

（3）酒样冷却至室温。

4. 总酸的测定

（1）取 25 mL 脱气啤酒置于样品杯中，将电极缓慢放入啤酒中（电极的玻璃泡切勿触碰器壁以免破碎）。

（2）可先用 200 μL 移液器吸取 NaOH 标准溶液加入待测啤酒，用搅拌棒不停搅拌，观察 pH 示数变化。至 pH 8.5 之后改用 10 μL 移液器。至 pH 8.9 后改用 2.5 μL 移液器。滴定至终点 pH 9.0。记录所消耗 NaOH 标准溶液的体积。

（3）清洗电极，用滤纸吸去残留水分。按上述实验步骤（1）～（2）重复 3 次，记录滴定终点数据。同一样品两次平行测定值之差不得超过 0.1 mL/100 mL。

（4）清洗电极，将塑胶套内充上少量 KCl，将电极塞入。关闭电源。

5. 注意事项

（1）电极在测量前必须用已知 pH 的标准缓冲溶液进行定位和斜率校准，为取得正确的结果，用于定位的标准缓冲溶液 pH 越接近被测值越好。

（2）取下保护帽后要注意，在塑料保护栅内的敏感玻璃球泡不要与硬物接触，任何破损和擦毛都会使电极失效。

（3）测量完毕不用时，应将电极保护帽套上，帽内应有少量浓度为 $3 \; mol \cdot L^{-1}$ KCl 溶液，以保持玻璃球泡的湿润。如果发现干枯，在使用前应在 $3 \; mol \cdot L^{-1}$ KCl 溶液或微酸性的溶液中浸泡几小时，以降低电极的不对称电位。

（4）复合电极的外参比补充液为 $3 \; mol \cdot L^{-1}$ KCl，补充液可以从上端小孔加入。

（5）电极的引出端（插头）必须保持清洁和干燥，绝对防止输出端短路，否则将导致测量结果失准或失效。

（6）电极应与高输入阻抗（$\geqslant 10^{12} \; \Omega$）的 pH 计或毫伏计配套，方能使电极保持良好的特性。

（7）电极应避免长期浸泡在蒸馏水、蛋白质、酸性氟化物溶液中，并防止与有机硅油脂接触。

（8）经长期使用后，如发现电极的百分理论斜率略有降低，则可把电极下端浸泡在 4% HF（氢氟酸）溶液中 3～5 s，再用蒸馏水洗净，然后在 $0.1 \; mol \cdot L^{-1}$ HCl 溶液中浸泡几小时，用去离子水冲洗干净，使之复新。

（9）被测溶液中含有易污染敏感球泡或堵塞液接界面的物质，会使电极钝化，其现象是百分理论斜率低、响应时间长、读数不稳定。为此，则应根据污染物质的性质，以适当的溶液清洗，使之复新。

（10）移取酒样时，注意不要吸入气泡，以防止读数不准。

（11）pH 6.86 和 pH 9.18 为两种标准缓冲液在 25℃时的 pH，pH 与温度有关，详见表 6-1。

五、实验数据处理

按下式计算被测啤酒试样中总酸的含量（平均值±标准差），并判断总酸度是否合格。

$$总酸的含量 \; X = 4 \times C_{NaOH} \times V_{NaOH}$$

式中，X 为总酸的含量，即 100 mL 啤酒试样消耗 $1.000 \; mol \cdot L^{-1}$ NaOH 标准溶液的毫升数，mL/100 mL；

C 为氢氧化钠标准溶液浓度，$mol \cdot L^{-1}$；

V 为消耗 NaOH 标准溶液的体积，mL；

4 为所用酒样（25 mL）换算成 100 mL 酒样的因子，$L \cdot mol^{-1}$。

六、思考题

1. 本实验为什么不能用指示剂法指示终点，而可以用电位滴定法？

2. 电位滴定法有哪些特点？

3. 本实验的主要误差来源有哪些？

实验 26　铁氰化钾的循环伏安曲线测定

一、实验目的

1. 学习电极的处理方法。

2. 学习电化学工作站测定循环伏安曲线的方法。

3. 了解峰电流与浓度、峰电流与扫描速率的关系。

二、实验原理

$$[Fe(CN)_6]^{3-} + e \rightleftharpoons [Fe(CN)_6]^{4-}$$

$$E_0 = 0.36 \text{ V (vs. SHE)}$$

为可逆电对，在溶液处于静止状态下（没有搅动）进行电解时，液相传质过程受扩散过程控制，扩散系数 $0.63 \times 10^{-5} \text{ cm} \cdot \text{s}^{-1}$，遵守 Randles-Ševčík 方程。

$$i_p = 2.69 \times 10^5 n^{3/2} A D^{1/2} v^{1/2} C$$

溶液中溶解的氧气具有电活性，对测定有干扰，测定前可在测试液中通入惰性气体（如 N_2）除氧，消除干扰。

三、实验仪器与试剂

1. 仪器　CHI 电化学工作站、电解池、玻璃碳电极、铂丝电极、饱和甘汞电极（SHE）、超声器等。

2. 试剂　$K_3[Fe(CN)_6]$、KNO_3、Al_2O_3 粉末、N_2 等。

3. 溶液　1 mol·L^{-1} KNO$_3$ 溶液、0.1 mol·L^{-1} $K_3[Fe(CN)_6]$ 溶液、蒸馏水等。

四、实验步骤

1. 工作电极预处理　在抛光垫上滴几滴 Al_2O_3 粉末悬浮液（粒径 0.05 μm），把玻璃碳电极表面抛光至镜面，用蒸馏水冲洗干净，超声清洗 1～2 min，备用。

2. 支持电解质的循环伏安图　在电解池中加入 1 mol·L^{-1} KNO$_3$ 溶液 30 mL，以新处理过的玻璃碳电极为工作电极、铂丝电极为辅助电极、饱和甘汞电极为参比电极，插入电解池。扫描参数设定为：扫描速率 50 mV·s^{-1}，起始电位为 –0.2 V，终止电位为 +0.8 V。溶液中溶解的氧气具有电活性，对测定有干扰，通入 N_2 除氧 5 min，开始扫描，记录循环伏安图。

3. $K_3[Fe(CN)_6]$ 溶液的循环伏安图

（1）1.6 mmol·L^{-1}、3.2 mmol·L^{-1}、4.8 mmol·L^{-1}、6.4 mmol·L^{-1} $K_3[Fe(CN)_6]$ 溶液的配制：按表 6-3，在 4 个试剂瓶中分别加入 0.5 mL、1 mL、1.5 mL、2 mL 浓度为 0.1 mol·L^{-1} 的 $K_3[Fe(CN)_6]$ 溶液，再加入 1 mol·L^{-1} 的 KNO$_3$ 溶液使溶液总体积达

到 30 mL，构成浓度为 1.6 mmol·L^{-1}、3.2 mmol·L^{-1}、4.8 mmol·L^{-1}、6.4 mmol·L^{-1} 的 K$_3$[Fe(CN)$_6$] 溶液。

表 6-3　溶液加入量

加入溶液	K$_3$[Fe(CN)$_6$] 溶液浓度			
	1.6 mmol·L^{-1}	3.2 mmol·L^{-1}	4.8 mmol·L^{-1}	6.4 mmol·L^{-1}
1 mol·L^{-1} KNO$_3$（mL）	29.5	29	28.5	28
0.1 mol·L^{-1} K$_3$[Fe(CN)$_6$]（mL）	0.5	1	1.5	2

（2）在相同的扫描条件下，分别记录 1.6 mmol·L^{-1}、3.2 mmol·L^{-1}、4.8 mmol·L^{-1}、6.4 mmol·L^{-1} K$_3$[Fe(CN)$_6$] 溶液的循环伏安图，完成表 6-4。

表 6-4　电流、电位的测定

K$_3$[Fe(CN)$_6$] 溶液浓度（mmol·L^{-1}）	扫描速率（mV·s^{-1}）	氧化峰电流 i_{pa}（μA）	氧化峰电位 E_{pa}（V）	还原峰电流 i_{pc}（μA）	还原峰电位 E_{pc}（V）	氧化还原电位差 ΔE
0	50					
1.6	50					
3.2	50					
4.8	50					
6.4	50					

（3）以 6.4 mmol·L^{-1} K$_3$[Fe(CN)$_6$] 溶液为试液，分别以 10 mV·s^{-1}、50 mV·s^{-1}、100 mV·s^{-1}、150 mV·s^{-1}、200 mV·s^{-1} 的扫描速率，在 -0.2 V～$+0.8$ V 电位范围内进行扫描，记录循环伏安图。从循环伏安图上测量出峰电位、峰电流，完成表 6-5。

表 6-5　电流、电位的测定

K$_3$[Fe(CN)$_6$] 溶液浓度（mmol·L^{-1}）	扫描速率（mV·s^{-1}）	氧化峰电流 i_{pa}（μA）	氧化峰电位 E_{pa}（V）	还原峰电流 i_{pc}（μA）	还原峰电位 E_{pc}（V）	氧化还原电位差 ΔE
6.4	10					
6.4	50					
6.4	100					
6.4	150					
6.4	200					

五、实验数据处理

以还原峰电流 i_{pc} 对 K$_3$[Fe(CN)$_6$] 溶液的浓度作图，得到两者的关系。以还原峰电流 i_{pc} 对扫描速率的平方根（$v^{1/2}$）作图，得到两者的关系。

六、思考题

1. 循环伏安曲线表示什么？

2. 峰电流与浓度、扫描速率有什么关系？

实验 27 循环伏安法测定多巴胺

一、实验目的

1. 学习电极的处理方法。

2. 了解可逆电极反应的判别方法。

3. 了解循环伏安法测定样品含量的方法。

二、实验原理

循环伏安法中，可逆电极反应的峰电位 $\Delta E_p = E_{pa} - E_{pc} \approx 0.058/n$，峰电流 $i_{pa} \approx i_{pc}$。多巴胺是电活性物质，在电极上能发生电子转移，产生一对氧化还原峰。根据峰电位可以判断多巴胺在电极上反应的可逆性，根据样品峰电流与浓度的标准曲线，可以测定样品中多巴胺的含量。

三、实验仪器与试剂

1. 仪器 CHI 电化学工作站、玻璃碳电极、铂丝电极、饱和甘汞电极（SHE）、容量瓶、超声器等。

2. 试剂 多巴胺（CAS No. 51-61-6，$C_8H_{11}NO_2$，MW 153.18）、$NaH_2PO_4 \cdot 2H_2O$（MW 156.01）、$Na_2HPO_4 \cdot 12H_2O$（MW 358.14）、Al_2O_3 粉末（粒径 0.05 μm）、抛光垫、蒸馏水、多巴胺样品（盐酸多巴胺注射液）等。

3. 溶液

（1）多巴胺溶液（0.1 mol·L^{-1}）：称取 1.5318 g 多巴胺溶于 100 mL 水中。

（2）磷酸盐缓冲溶液（0.1 mol·L^{-1}，pH 7.0）：称取 $NaH_2PO_4 \cdot 2H_2O$ 1.56 g 溶于少量水中，定容于 100 mL 容量瓶中（A 液）；称取 $Na_2HPO_4 \cdot 12H_2O$ 3.58 g 溶于少量水中，定容于 100 mL 容量瓶中（B 液）；分别移取 39 mL A 液与 61 mL B 液混合，得到 pH 为 7.0 的磷酸盐缓冲溶液。

四、实验步骤

1. 工作电极预处理 在抛光垫上滴几滴 Al_2O_3 粉末悬浮液（粒径 0.05 μm），把玻璃碳电极表面抛光至镜面，用蒸馏水冲洗干净，超声清洗 1～2 min，备用。

2. 多巴胺标准溶液配制及其循环伏安曲线测定

（1）按表 6-6，在 5 个 50 mL 容量瓶中分别加入 0.1 mol·L^{-1} 多巴胺溶液 0 mL、0.5 mL、1 mL、2 mL、5 mL，再加入 30 mL 0.1 mol·L^{-1} pH 7.0 磷酸盐缓冲溶液，用蒸馏水稀释至刻度，摇匀，配制成 0 mmol·L^{-1}、1 mmol·L^{-1}、2 mmol·L^{-1}、4 mmol·L^{-1}、10 mmol·L^{-1} 的多巴胺标准溶液。

（2）设置起始电位为 –0.2 V，终止电位为 +0.8 V，扫描速率 50 mV·s^{-1}，分别测定上述标准多巴胺标准溶液的循环伏安曲线，记录峰电流、峰电位值，完成表 6-7。

表 6-6　标准溶液加入量

加入溶液	多巴胺标准溶液的浓度（mmol·L^{-1}）				
	0	1	2	4	10
0.1 mol·L^{-1} 多巴胺（mL）	0	0.5	1	2	5
0.1 mol·L^{-1} 磷酸盐缓冲溶液（mL）	30	30	30	30	30
蒸馏水（mL）	20	19.5	19	18	15

表 6-7　电流、电位的测定

多巴胺溶液浓度（mmol·L^{-1}）	氧化峰电流 i_{pa}（μA）	氧化峰电位 E_{pa}（V）	还原峰电流 i_{pc}（μA）	还原峰电位 E_{pc}（V）	氧化还原电位差 ΔE
0					
1					
2					
4					
10					

（3）按步骤（1）将 2 mL 多巴胺样品溶液加入 30 mL 0.1 mol·L^{-1} pH 7.0 磷酸盐缓冲液中，加水定容至 50 mL，转入电解池中，在相同条件下测定循环伏安曲线。

3. 多巴胺样品的测定　在 50 mL 容量瓶中，加入 2 mL 盐酸多巴胺注射液，加入 30 mL 0.1mol·L^{-1} pH 7.0 磷酸盐缓冲液，加蒸馏水定容至刻度，摇匀，制成多巴胺样品溶液。移取多巴胺样品溶液至电解池中，按 50 mV·s^{-1} 扫描速率，在 $-0.2\sim+0.8$ V 电位范围内扫描，记录循环伏安图和氧化峰电流。

五、注意事项

多巴胺在空气中易氧化，实验使用新配制的多巴胺溶液，使用后于 4℃冰箱中保存。

六、实验数据处理

（1）计算 ΔE，判别多巴胺在玻璃碳电极上反应的可逆性。

（2）以氧化峰电流 i_{pa} 对多巴胺标准溶液的浓度作标准曲线，根据多巴胺样品的氧化峰电流和标准曲线，计算多巴胺样品的浓度。

七、思考题

1. 循环伏安图中的峰是什么反应产生的？

2. 多巴胺被氧化的可能产物是什么？

实验 28 靶标诱导链置换伏安法测定 DNA

一、实验目的

1. 了解靶标诱导链置换伏安法测定 DNA 的方法。

2. 了解金电极的前处理方法。

二、实验原理

如图 6-8 所示,捕获探针 1 是 5′ 端修饰了巯基的寡核苷酸,可利用巯基在金 (Au) 表面的自组装将捕获探针 1 固定在金电极表面。信号探针 2 是 5′ 端修饰了氧化还原分子亚甲基蓝 (MB) 的寡核苷酸,信号探针 2 与捕获探针 1 的两个末端互补,5′ 端 15 个碱基互补,3′ 端 8 个碱基互补。捕获探针 1 的 3′ 端有 12 个碱基与靶 DNA 互补。没有待测靶标 3 时,捕获探针和信号探针之间形成两个双链区,MB 远离电极表面,产生较小的 MB 氧化电流。当待测靶标 3 存在时,由于靶标 3 有 12 个碱基与捕获探针 1 的碱基互补,杂交更稳定,因此靶标将置换信号探针中 8 个碱基杂交。这种置换释放了信号探针,使信号探针末端的 MB 更接近电极表面,容易转移电子,MB 的氧化电流会显著增加。

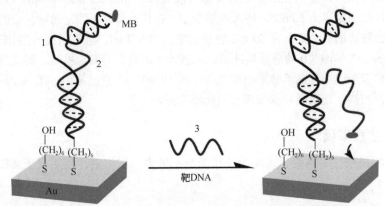

图 6-8 靶标诱导链置换机制传感 DNA 的示意图

三、实验仪器与试剂

1. 仪器 恒电位仪 CHI 603、标准电化学池、铂对电极、Ag/AgCl(饱和 3 mol·L^{-1} NaCl)参比电极、金圆盘工作电极(直径 1.6 mm,BAS 公司)等。

2. 试剂 合成的 DNA 寡核苷酸探针序列如下:

捕获探针 1: 5′-HS-(CH$_2$)$_6$-**GCGAGTTAGACCGAT**CCCCCCCCTCTGT**GTCCAG TCTTTT**-3′

信号探针 2: 5′-MB-(CH$_2$)$_6$-**GACTGGAC**GCCCCCCC**ATCGGTCTAACTCGC**-3′

靶标序列 3: 5′-**AAAAGACTGGAC**GAA-3′

错配序列 4: 5′-**AAAAGACT**<u>CCTGA</u>AA-3′

6- 巯基己醇（6-MCH，MW 134.24）、三 (2- 羧乙基) 膦盐酸盐（TCEP，MW 286.65）、氢氧化钠（NaOH，MW 40.00）、硫酸（H_2SO_4，98%，MW 98.08）、氯化钾（KCl，MW 74.55）、三羟甲基氨基甲烷（Tris，MW 121.14）、磷酸盐杂交缓冲液（PerfectHyb™ Plus，Sigma-Aldrich，H7033）、Al_2O_3 粉末、麂皮、去离子水等。

3. 溶液

（1）Tris-HCl 缓冲液（200 mmol·L^{-1}，pH 7.4）：称量 121.1 g Tris 置于 1000 mL 烧杯中，加入约 800 mL 的去离子水，充分搅拌溶解。加入 HCl 调节 pH 至 7.4。将溶液定容至 1000 mL。用去离子水将上述溶液稀释 5 倍，再次调节 pH 至 7.4。高温高压灭菌后，室温保存。

（2）6-巯基己醇 Tris-HCl 缓冲液（1 mmol·L^{-1} 6-巯基己醇）：称取 13.4 mg 6-巯基己醇置于烧杯中，加入 100 mL 上述稀释后的 Tris-HCl 缓冲液，混匀保存。

（3）TCEP 溶液（0.5 mol·L^{-1}，pH 6.8）：称取 1.433 g TCEP，加入 10 mL 水，用 NaOH 调至 pH 7.4。

四、实验步骤

1. 工作电极预处理　将 Al_2O_3 悬浮液滴加在麂皮上，抛光金圆盘工作电极，水中超声处理，然后进行电化学清洗（在 0.5 mol·L^{-1} NaOH/0.5 mol·L^{-1} H_2SO_4/0.01 mol·L^{-1} KCl/0.1 mol·L^{-1} H_2SO_4/0.05 mol·L^{-1} H_2SO_4 中进行氧化-还原循环），再进行下面的电极修饰。

2. 金电极上修饰探针　向 Tris-HCl 缓冲液（200 mmol·L^{-1}，pH 7.4）中加入硫醇修饰的捕获探针 1（终浓度 0.5 μmol·L^{-1}）和 TCEP（终浓度 5 μmol·L^{-1}，可减少二硫键聚集成低聚物）。将上述处理过的金电极置于溶液中，室温放置 16 h。金电极用 Tris-HCl 缓冲液洗涤后，放置在含 1 mmol·L^{-1} 的 6-巯基己醇的 Tris-HCl 缓冲液（10 mmol·L^{-1}，pH 7.4）中处理 2 h。

3. 杂交和检测　将上述处理过的金电极置于含 2.5 μmol·L^{-1} 的信号探针 2 的 PerfectHyb™ Plus 杂交缓冲液（1×）中处理 6 h，在表面形成捕获探针-信号探针杂交复合物。将金电极置于磷酸盐杂交缓冲液中与不同浓度的靶标序列 3 或错配序列 4 杂交，在 37℃ 下孵育 5 h。在 10 Hz 交流频率下，$-0.1 \sim -0.45$ V 范围内测量交流伏安信号。

4. 未知样本检测　将电极置于各未知靶标 DNA 样品（总体积 200 μL）中，37℃ 下孵育 5 h。在 10 Hz 交流频率下，$-0.1 \sim -0.45$ V 范围内测量交流伏安信号。

五、实验数据处理

以电流增加值对靶标序列的浓度作图，获得线性拟合方程，计算线性相关系数 R^2。

$$\Delta I(nA) = A\,[靶标序列浓度]（nmol）+ B$$

确定检测范围和检测限（LOD）。

六、思考题

1. 金表面的处理要点有哪些？如果电极处理后不能及时使用，你认为可能的保存方法有哪些？

2. 6-MCH 和 TCEP 的作用分别是什么？

3. 捕获探针 1 与信号探针 2 的碱基并非全部互补，中间存在着一段非互补区域，设计这段非互补区域的目的是什么？

第 7 章　新分析方法

7.1　新分析方法概述

随着化学、材料科学、生物技术、纳米技术的发展，新的分析、传感方法不断涌现。相比于传统的分析、传感方法，新的方法在便捷化、智能化、灵敏性、特异性等方面具有特色，已开始应用于疾病诊断、环境检测、食品质量控制等领域，具有巨大的潜力。

7.2　新分析方法实验

实验 29　微流控纸芯片法测定葡萄糖

一、实验目的

1. 了解纸芯片法测定葡萄糖的原理和实验方法。

2. 学习 Photoshop 或 ImageJ 软件采集数据的方法。

3. 了解纸芯片方法测定葡萄糖含量的优点。

二、实验原理

葡萄糖存在于人体的血液和淋巴液中，是生命活动中不可缺少的物质。血液中的葡萄糖含量是临床生化检验中的重要指标，其含量会因病态的不同有所变动。在临床上，由于血糖是许多疾病的诊断、病情观察、治疗监控和疾病预防等必不可少的指标。因此，对葡萄糖含量的检测具有重要意义。

本实验采用氧化酶-偶联比色法对葡萄糖的含量进行检测，其反应原理是在葡萄糖氧化酶（glucose oxidase，GOD）的催化下，葡萄糖被氧化成葡萄糖酸，并产生过氧化氢，过氧化氢在过氧化物酶（peroxidase，POD）的作用下将无色的底物还原型邻联茴香胺氧化成粉红色氧化型邻联茴香胺，产生的颜色深浅与葡萄糖的含量成正比。通过测定产生颜色的强度，可计算出葡萄糖的浓度。

$$D\text{-葡萄糖} + H_2O + O_2 \xrightarrow{\text{GOD}} D\text{-葡萄糖酸} + H_2O_2$$

$$H_2O_2 + \text{邻联茴香胺(还原型)} \xrightarrow{\text{POD}} \text{邻联茴香胺(氧化型)}$$
$$\text{无色} \qquad\qquad\qquad\qquad \text{红色}$$

图 7-1　测定葡萄糖的反应

三、实验仪器与试剂

1. 仪器　分析天平、便携式扫描仪、计时器、移液器等。

2. 试剂与耗材 乙酸（$C_2H_4O_2$，MW 60.05）、乙酸钠（$C_2H_3NaO_2$，MW 82.03）、葡萄糖氧化酶（GOD）、过氧化物酶（POD）、还原型邻联茴香胺（AR，CAS No. 119-90-4，$C_{14}H_{16}N_2O_2$，MW 244.29）、葡萄糖（$C_6H_{12}O_6$，MW 180.16）、去离子水、待测样本等。纸芯片，离心管，保鲜膜。

3. 溶液

（1）乙酸-乙酸钠缓冲液（$0.1\ mol\cdot L^{-1}$，pH 5.1）：称取乙酸钠（1.148 g，14 mmol）溶解至 100 mL 水中，加入 343 μL 乙酸（360 mg，6 mmol），用水稀释至 200 mL。

（2）GOD-POD 酶液：称取 16 mg GOD（1.76 kU）和 25 mg POD（6.25 kU）于离心管中，加入 5 mL 乙酸-乙酸钠缓冲液。

（3）葡萄糖显色试剂：称取 2.5 mg 还原型邻联茴香胺，用 100 mL 乙酸-乙酸钠缓冲液溶解。

（4）葡萄糖储备液（$0.1\ mol\cdot L^{-1}$）：称取葡萄糖（0.99 g，5 mmol），溶解至 50 mL 水中。

（5）葡萄糖标准溶液：移取葡萄糖储备液，用水稀释至浓度为 $2\ mmol\cdot L^{-1}$、$5\ mmol\cdot L^{-1}$、$10\ mmol\cdot L^{-1}$、$15\ mmol\cdot L^{-1}$、$20\ mmol\cdot L^{-1}$ 的葡萄糖标准溶液。

四、实验步骤

1. 葡萄糖标准曲线测定

（1）将纸芯片固定在塑料保鲜膜上，用移液器将 2.5 μL GOD-POD 酶液垂直滴加到芯片的反应区（图 7-2，深灰色区域），吸头与纸片轻微接触。

（2）纸芯片静置 5 min 后，滴加 2.5 μL 葡萄糖显色试剂。

（3）随后在芯片的加样区（图 7-2，浅灰色区域）分别滴加 20 μL 浓度为 $0\ mmol\cdot L^{-1}$、$2\ mmol\cdot L^{-1}$、$5\ mmol\cdot L^{-1}$、$10\ mmol\cdot L^{-1}$、$15\ mmol\cdot L^{-1}$、$20\ mmol\cdot L^{-1}$ 标准葡萄糖溶液。

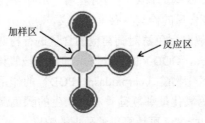

图 7-2　纸芯片示意图

（4）样本加完开始计时，反应时间为 60 s，反应结束 5 s 前在所测纸芯片上覆盖保鲜膜，反应结束时用扫描仪对所得结果进行扫描。

2. 样品测定 用待测样本溶液替代葡萄糖标准液进行测定，实验步骤与上述（1）~（4）步骤相同。

3. 数据采集

（1）将扫描所得图片导入 ImageJ 软件中，采集显色区域的灰度值，即为该溶液的颜色强度 I 值。

（2）以空白校正后的葡萄糖标准溶液的颜色强度 I 为纵坐标，葡萄糖浓度 C 为横坐标，绘制标准曲线，对该曲线作最佳拟合（线性或非线性）。

4. 注意事项

（1）还原型邻联茴香胺有潜在毒性，避免直接接触。

（2）试剂需在 2～8℃避光保存，有效期为 1 个月，溶液出现浑浊或颜色则不能使用。

（3）纸芯片保存时注意防潮，纸芯片吸潮会影响测试结果。

五、实验数据处理

根据实验采集的待测样本的颜色强度，从拟合曲线上计算出待测样本中葡萄糖的浓度。

六、思考题

1. 纸芯片葡萄糖检测与非纸芯片的比色法相比有什么区别？

2. 本实验检测葡萄糖的线性范围，检测限是多少？

实验 30　侧流免疫层析-化学发光分析法检测唾液中皮质醇

一、实验目的

1. 了解鲁米诺-过氧化氢化学发光体系的基本原理。

2. 了解皮质醇的功能。

3. 了解侧流免疫分析法。

二、实验原理

皮质醇（cortisol，Cor）是肾上腺皮质产生的一种糖皮质激素。身体在感受到压力时，会分泌皮质醇维持正常的生理功能，所以皮质醇也称应激激素，是一种压力、焦虑和抑郁程度的生物标志物。唾液中正常的皮质醇水平表现出昼夜节律，从早晨观察到的最大值（3～10 ng·mL^{-1}）到夜间观察到的最小值（0.6～2.5 ng·mL^{-1}）。皮质醇分泌水平和皮质醇生物节律的变化可作为应激相关疾病的诊断指标。

本实验采用侧流免疫层析（LFIA）-化学发光（CL）分析法测定唾液中皮质醇。侧流免疫层析分析（lateral-flow immunochromatographic assay，LFIA）又称试纸条分析，试纸条由样品垫、偶联物垫、硝化纤维素膜、吸收垫和背纸组成（图 7-3A）。样品中的皮质醇（Cor）和加入的辣根过氧化物酶（HRP）标记的抗皮质醇抗体通过毛细作用沿硝化纤维素膜迁移。当到达固定了抗皮质醇抗体的测试线（test line，T 线）区域时，样品中的 Cor 被抗皮质醇抗体捕获并与 HRP 标记的抗皮质醇抗体形成夹心复合物，过量的 HRP-抗皮质醇抗体继续迁移，直至到达固定了抗 HRP 抗体的对照线（control line，C 线）时被抗 HRP 抗体捕获（图 7-3B）。加入化学发光底物鲁米诺，在 HRP 的作用下产生 425 nm 的光，如 T 线和 C 线都发光为阳性（样品中含皮质醇）；仅 C 线发光为阴性（样品中无皮质醇），利用 T 线的发光强度与皮质醇的量成正比来定量样品中的皮质醇。

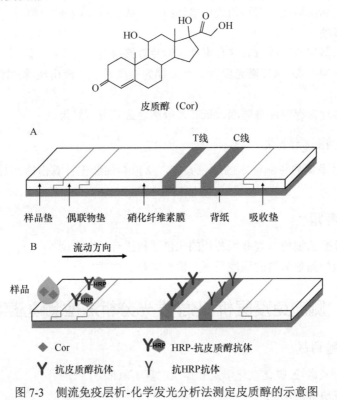

图 7-3　侧流免疫层析-化学发光分析法测定皮质醇的示意图

三、实验试剂与材料

1.仪器　分析天平、移液器、容量瓶、烧杯、智能手机等。

2.试剂与耗材　皮质醇（CAS No. 50-23-7，$C_{21}H_{30}O_5$，MW 362.46）、鲁米诺（$C_8H_7N_3O_2$，MW 177.16）、兔抗皮质醇抗体、辣根过氧化物酶（HRP）标记的抗皮质醇抗体、兔抗辣根过氧化物酶抗体、牛血清白蛋白（BSA）、Tween-20、唾液样品等。免疫层析试纸条、棉签等。

3.溶液　PBS（20 mmol·L^{-1}, pH 7.4）。1%和6% BSA（W/V）、0.05%和0.2%（W/V）Tween-20、HRP 标记的抗皮质醇抗体（1:100，V/V）、兔抗皮质醇抗体（1:500，V/V）和兔抗 HRP 抗体（1:5000，V/V）均用 PBS 配制。

4.试纸条　试纸条由硝化纤维素膜制备，从条带底部到顶部分别分配兔抗皮质醇抗体（1:500，V/V）溶液和兔抗 HRP 抗体（1:5000，V/V）溶液，形成 T 线和 C 线。试剂沉积密度 1 μL·cm^{-1}，线间距离 5 mm。将硝化纤维素膜在 37℃下真空干燥 60 min，然后用 1% BSA（W/V）饱和硝化纤维素膜表面，再用 0.05% Tween-20 溶液洗涤，最后在 37℃真空干燥 120 min。样品垫采用玻璃纤维垫，吸收垫采用纤维素垫，两者之间有 1～2 mm 的重叠。将组装好的膜切割成条带（5 mm 宽），室温下储存在干燥器中。

四、实验步骤

（1）样品收集：唾液样品的收集是将棉签作为吸附剂放在口腔内，直到其饱和（60～90 s），然后将棉签放入注射器中，推拉活塞柄压缩几次，充分混合后得样品溶液。通常在早上 8 点采集健康志愿者的餐前唾液样品，在晚上 9 点采集用于绘制校准曲线的唾液样品（此时因昼夜节律变化皮质醇浓度较低）。

（2）标准皮质醇溶液制备：称取皮质醇溶解在 PBS 中，分别制成浓度为 0 ng·mL^{-1}、10 ng·mL^{-1}、20 ng·mL^{-1}、30 ng·mL^{-1}、50 ng·mL^{-1}、70 ng·mL^{-1} 的皮质醇标准溶液。

（3）将 25 μL 唾液样品转移到样品垫的预充孔中，与含 6% BSA 和含 0.2% Tween-20 的 PBS 混合，加入 HRP 标记的抗皮质醇抗体（1∶100，V/V），6% BSA 和 0.2% Tween-20 的 PBS。

（4）在溶液完全迁移（15 min）后，用 50 μL PBS 清洗样品垫 10 min，然后用 100 μL 鲁米诺底物溶液润湿条带。

（5）同步骤（3）、（4），将 6 个标准皮质醇溶液分别进行试纸条层析。

（6）使用移动设备的专业相机应用程序 camera FV-5 Lite 获取化学发光信号，记录标准皮质醇溶液和唾液样品的化学发光强度。

五、实验数据处理

利用 ImageJ 软件 v1.46 对信号进行处理，测量 C 线和 T 线对应区域的平均光子发射强度。两者均需要扣减背景信号，即相邻区域测量的平均信号。

计算每个浓度（6 个点）的 T 线与 C 线的发光强度的比值（B），然后除以没有皮质醇时测得的 T 线与 C 线的发光强度的比值（B_0）。通过绘制 B/B_0 值与标准皮质醇浓度的对数，用逻辑斯谛（logistic）函数拟合实验数据，得到标准曲线。

根据唾液样品溶液的 B/B_0 值和标准曲线，计算唾液样品中皮质醇含量。

六、思考题

1. 阐述 LFIA 竞争分析法和夹心分析法的检测原理，比较两者的差别、优势和劣势。

2. 鲁米诺-过氧化氢化学发光体系的催化剂有哪些？

实验 31　Fe$_3$O$_4$ 纳米酶催化比色法测定 H$_2$O$_2$ 和葡萄糖

一、实验目的

1. 了解纳米酶的概念、意义。

2. 了解 Fe$_3$O$_4$ 纳米酶测定 H$_2$O$_2$ 的原理。

3. 了解 Fe$_3$O$_4$ 纳米酶测定葡萄糖的原理。

二、实验原理

纳米酶是指具有酶催化活性的纳米材料。纳米酶能像天然酶一样催化相应的底物，相比天然酶，纳米酶在获取成本、稳定性、使用寿命等方面具有优势。3,3',5,5'-四甲基联苯胺（3,3',5,5'-tetramethylbenzidine，TMB）是天然过氧化物酶的一个典型底物，在辣根过氧化物酶（HRP）的催化下，可被过氧化氢（H_2O_2）氧化成蓝色的氧化型四甲基联苯胺TMB_{ox}（图 7-4），TMB 的显色程度与 H_2O_2 浓度成正比。已发现 Fe_3O_4 纳米粒子（Fe_3O_4 NPs）不但具有磁性，还具有过氧化物酶的活性，能催化 TMB 和 H_2O_2 的反应。TMB_{ox} 的最大吸收波长在 652 nm，相应的摩尔吸光系数 $\varepsilon_{652\ nm}$ 为 39 000 $mol \cdot L^{-1} \cdot cm^{-1}$，根据朗伯-比尔定律 $A = \varepsilon bc$，测定 TMB_{ox} 在 652 nm 处的吸光度即可检测出 TMB_{ox} 的浓度，H_2O_2 的浓度与 TMB_{ox} 的浓度成正比，通过标准曲线法，可测定出 H_2O_2 的浓度。

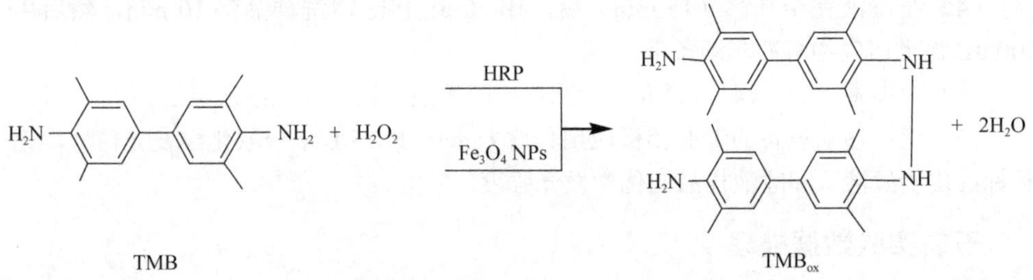

图 7-4　HRP 和 Fe_3O_4 纳米粒子催化 TMB 的反应

H_2O_2 可用作生牛乳的保鲜剂，但是过量添加 H_2O_2 不仅会降低牛奶的营养价值，还会导致胃肠道疾病，因此，检测牛奶中的 H_2O_2 对保证牛奶的品质有一定意义。

葡萄糖氧化酶（GOD）能催化葡萄糖的氧化生成葡萄糖酸和 H_2O_2，因此，通过 Fe_3O_4 纳米粒子催化 H_2O_2 氧化 TMB 显色，可间接检测葡萄糖的浓度。

三、实验仪器与试剂

1. 仪器　紫外-可见分光光度计、水浴锅、超声器、移液器。

2. 试剂与耗材　Fe_3O_4 NPs 悬浮液、四甲基联苯胺（TMB，CAS No. 54827-17-7，$C_{16}H_{20}N_2$，MW 240.34）、H_2O_2（30%，AR）、$NaH_2PO_4 \cdot 2H_2O$（MW 156.01，AR）、$Na_2HPO_4 \cdot 12H_2O$（MW 358.14，AR）、葡萄糖（$C_6H_{12}O_6$，MW 180.16，AR）、冰醋酸（AR）、乙酸钠（NaAc，CH_3COONa，MW 82.03，AR）、三氯乙酸（AR）、浓 HCl、*N,N*-二甲基甲酰胺、葡萄糖氧化酶（GOD）、去离子水、市售牛奶、葡萄糖样品。过滤膜等。

3. 溶液

（1）NaAc 缓冲溶液（50 $mmol \cdot L^{-1}$，pH 3）：分别移取 45 mL 0.1 $mol \cdot L^{-1}$ 乙酸钠溶液和 83.25 mL 0.1 $mol \cdot L^{-1}$ 乙酸溶液于 250 mL 烧杯中，加少量浓 HCl 调节至 pH 3.0，加水定容于 250 mL 容量瓶中。

0.1 $mol \cdot L^{-1}$ 乙酸钠溶液：称取 0.82 g 乙酸钠溶于水中，定容于 100 mL 容量瓶中。

0.1 mol·L^{-1} 乙酸溶液：量取 571 μL 冰醋酸（17.5 mol·L^{-1}）溶于水中，定容于 100 mL 容量瓶中。

（2）四甲基联苯胺（TMB）溶液（8 mmol·L^{-1}）：称取 192 mg TMB，加入 100 mL N, N-二甲基甲酰胺中。

（3）H$_2$O$_2$ 标准溶液（80 mmol·L^{-1}）：移取 816 μL 30% 过氧化氢溶液（9.8 mol·L^{-1}），溶于少量水中，定容于 100 mL 容量瓶中。需要时用水稀释至所需浓度。

（4）磷酸盐缓冲液（50 mmol·L^{-1}，pH 7.0）：称取 NaH$_2$PO$_4$·2H$_2$O 0.78 g 溶于少量水中，定容于 100 mL 容量瓶中（A 液）；称取 Na$_2$HPO$_4$·12H$_2$O 1.79 g 溶于少量水中，定容于 100 mL 容量瓶中（B 液）；分别移取 39 mL A 液与 61 mL B 液混合，得到 pH 为 7.0 的磷酸盐缓冲溶液。

（5）标准葡萄糖溶液（6 mmol·L^{-1}）：称取 108 mg 葡萄糖溶于水中，定容于 100 mL 容量瓶中。

四、实验步骤

1. Fe$_3$O$_4$ 纳米粒子的过氧化物酶活性 按表 7-1 配制混合液 1、2 和 3，混合均匀后在 40℃下孵育 20 min，记录混合液的紫外-可见吸收光谱，比较它们在 652 nm 处的吸光度。

表 7-1　溶液加入量

混合液	Fe$_3$O$_4$ NPs 悬浮液 (0.4 mg·mL^{-1})	NaAc 缓冲溶液 (50 mmol·L^{-1}，pH 3)	H$_2$O$_2$ 标准溶液 (80 mmol·L^{-1})	TMB 溶液 (8 mmol·L^{-1})	水
1	300 μL	300 μL	300 μL	300 μL	0
2	300 μL	300 μL	300 μL		300 μL
3	300 μL	300 μL		300 μL	300 μL

类似的，根据相同步骤研究不同 pH 的 NaAc 缓冲溶液（pH 2～9）、孵育温度（20～80℃）、孵育时间（0～20 min）和 Fe$_3$O$_4$ NPs 悬浮液（0～0.5 mg·mL^{-1}）范围内 Fe$_3$O$_4$ NPs 催化活性的变化。

如果作为对照的混合液 2 和 3 无明显的紫外吸收，混合液 1 在波长 652 nm 处出现 TMB$_{ox}$ 的特征吸收峰，说明 Fe$_3$O$_4$ NPs 能够催化 TMB 和 H$_2$O$_2$ 的反应，具有过氧化物酶的活性。

2. H$_2$O$_2$ 标准曲线的测定 按表 7-2，将 300 μL TMB（8.0 mmol·L^{-1}）、300 μL Fe$_3$O$_4$ NPs 悬浮液（0.4 mg·mL^{-1}）、不同体积的 H$_2$O$_2$ 溶液（6 mmol·L^{-1}）和水加入到 2 mL NaAc 缓冲液（50 mmol·L^{-1} pH 3.0）中，混合均匀后构成总体积 3 mL 的溶液，在 40℃下孵育 20 min，记录混合液在波长 652 nm 处的吸光度。

表 7-2　H$_2$O$_2$ 标准曲线的测定

加 H$_2$O$_2$ 溶液的体积（μL）	1	2	5	10	25	50	100	200	400
加水的体积（μL）	399	398	395	390	375	350	300	200	0

H_2O_2 浓度（mmol·L^{-1}）	0.002	0.004	0.01	0.02	0.05	0.1	0.2	0.4	0.8
混合液的吸光度									

3. 葡萄糖标准曲线的测定　按表 7-3，将 0.2 mL 葡萄糖氧化酶（1.0 mg·mL^{-1}）、不同体积的葡萄糖（6 mmol·L^{-1}）和水加入到 2.4 mL 磷酸盐缓冲液（50 mmol·L^{-1}，pH 7.0）中混合，并在 37℃温育 30 min；之后，将 300 μL Fe_3O_4 NPs 悬浮液（0.4 mg·mL^{-1}）、300 μL TMB（8 mmol·L^{-1}）和 2 mL NaAc 缓冲液（50 mmol·L^{-1}，pH 3）添加至上述葡萄糖反应溶液中，并在 40℃下温育 20 min，记录混合液在波长 652 nm 处的吸光度。

表 7-3　葡萄糖标准曲线的测定

加葡萄糖的体积（μL）	2	5	10	25	40	50	100	200	300	400
加水的体积（μL）	798	795	790	775	760	750	700	600	500	400
葡萄糖浓度（mmol·L^{-1}）	0.002	0.005	0.01	0.025	0.04	0.05	0.1	0.2	0.3	0.4
混合液的吸光度										

4. 牛奶中 H_2O_2 的测定　样品的预处理：首先向 25 mL 牛奶样品中添加 1%（V/V）三氯乙酸 25 mL，超声处理 20 min 去除牛奶样品中的蛋白质；然后以 12 000 r/min 离心 10 min，将上清液通过 0.22 μm 过滤膜过滤，除去脂质。通过向该上清液中添加不同体积的 H_2O_2 标准溶液，制备分别含 5 μmol·L^{-1}、10 μmol·L^{-1} H_2O_2 的牛奶样品溶液。取 100 μL 牛奶样品溶液 1 和 2，分别加到 300 μL Fe_3O_4 NPs 悬浮液（0.4 mg·mL^{-1}）、300 μL TMB 溶液（8.0 mmol·L^{-1}）、300 μL 水和 2 mL NaAc 缓冲液（50 mmol·L^{-1}，pH 3.0）构成的混合液中，在 40℃温育 20 min，记录这些混合液在波长 652 nm 处的吸光度，重复 3 次。

5. 样品中葡萄糖的测定　将 0.2 mL 葡萄糖氧化酶（1.0 mg·mL^{-1}）、100 μL 葡萄糖样品溶液和 700 μL 水加入到 2.4 mL 磷酸盐缓冲液（50 mmol·L^{-1}，pH 7.0）中混合，并在 37℃温育 30 min；之后，将 300 μL Fe_3O_4 NPs 悬浮液（0.4 mg·mL^{-1}）、300 μL TMB 溶液（8 mmol·L^{-1}）和 2 mL NaAc 缓冲液（50 mmol·L^{-1}，pH 3）添加至上述葡萄糖反应溶液中，并在 40℃下温育 20 min，记录混合液在波长 652 nm 处的吸光度，重复 3 次。

五、实验数据处理

（1）分别以 H_2O_2 和葡萄糖的浓度 C 为纵坐标，吸光度 A 为横坐标，绘制 C-A 标准曲线，拟合回归方程和相关系数 R^2，根据标准曲线计算 H_2O_2 和葡萄糖的检测限、线性范围。

（2）根据测得的牛奶和葡萄糖样品的吸光度，对照标准曲线，计算 H_2O_2 的加标回收率、相对标准偏差（RSD）（表 7-4）、牛奶样品中 H_2O_2 的含量和样品中葡萄糖的含量。

表 7-4　牛奶样品中 H_2O_2 的测定

样品	加标量（$\mu mol \cdot L^{-1}$）	测定值（$\mu mol \cdot L^{-1}$）	回收率（%）	RSD（%）
1	5			
2	10			

六、思考题

1. 纳米酶为什么有催化活性？

2. 测定方法中的回收率和相对标准偏差表示了什么？

实验 32　金纳米粒子比色法检测尿酸

一、实验目的

1. 了解金纳米粒子比色法检测尿酸的原理。

2. 了解金纳米粒子的制备方法。

3. 了解 Origin 软件处理和分析实验数据。

二、实验原理

基于氢键作用的金纳米粒子比色法检测尿酸的原理如图 7-5 所示，尿酸中的二酰亚胺结构可以和三聚氰胺中的二氨基吡啶结构通过 NH…N、NH…O 的氢键，形成稳定的配合物而结合起来（图 7-5A）。同时，三聚氰胺富含电子的 3 个环外氨基和 3 个杂环氮原子，可以通过静电作用很强地吸附在金纳米粒子表面；吸附在金纳米粒子表面的三聚氰胺通过自身分子间的氢键作用交联，使金纳米粒子发生团聚（图 7-5B）。当一定量的三聚氰胺先与尿酸反应后，再与金纳米粒子混合时，随着尿酸浓度的增加，消耗了更多的三聚氰胺，溶液中剩余的三聚氰胺量减少，则金纳米粒子的聚集程度就会相应减弱，溶液由蓝色逐渐变为红色，其吸收曲线和相应的吸光度也跟着改变。吸光度的变化与尿酸的浓度成正比。

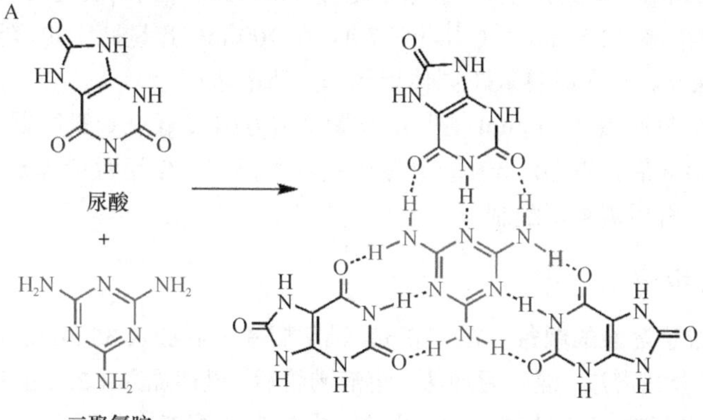

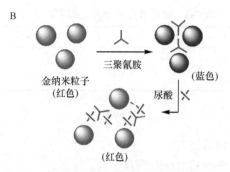

图 7-5　金纳米粒子比色法检测尿酸的原理示意图

三、实验仪器与试剂

1. 仪器　紫外-可见分光光度计、pH 计、磁力搅拌器、水浴恒温振荡器、超声清洗器、移液器、容量瓶、烧杯、比色管、锥形瓶等。

2. 试剂　氯金酸（HAuCl$_4$·4H$_2$O，MW 411.85）、柠檬酸钠（C$_6$H$_5$Na$_3$O$_7$，MW 258.07）、尿酸（C$_5$H$_4$N$_4$O$_3$，MW 168.11）、三聚氰胺（C$_3$H$_6$N$_6$，MW 126.12）、乙酸（C$_2$H$_4$O$_2$，MW 60.05）、无水乙酸钠（C$_2$H$_3$NaO$_2$，MW 82.03）、氢氧化钠、盐酸（36.5%）、尿酸样品等，所用试剂均为分析纯，所用溶液均用超纯水配制。所有玻璃仪器均用新配制的王水浸泡 24 h，再用水和超纯水彻底清洗后，干燥备用。

3. 溶液

（1）氯金酸溶液（25 mmol·L^{-1}）：准确称取 0.2574 g 氯金酸（HAuCl$_4$·4H$_2$O）置于烧杯中，加超纯水溶解后，在 25 mL 容量瓶中定容并摇匀，放入 4℃冰箱中保存备用。

（2）柠檬酸钠溶液（38.8 mmol·L^{-1}）：称取 1.0 g 柠檬酸钠，溶于 100 mL 水。

（3）乙酸-乙酸钠缓冲溶液（10 mmol·L^{-1}，pH 7.0）：称取 0.82 g 无水乙酸钠，溶于 1 L 水，用乙酸调至 pH 7.0。

（4）尿酸溶液（1 mmol·L^{-1}）：准确称取 0.0168 g 尿酸置于洁净的烧杯中，用 6 mol·L^{-1} NaOH 溶液使其溶解，再滴加盐酸（36.5%）调节 pH 至中性，最后用乙酸-乙酸钠缓冲溶液（10 mmol·L^{-1}，pH 7.0）在 100 mL 容量瓶中定容至刻度线，放入 4℃冰箱中保存。使用时移取不同体积稀释至所需浓度。

（5）三聚氰胺溶液（1 mmol·L^{-1}）：准确称取 0.0126 g 三聚氰胺置于洁净的烧杯中，加超纯水溶解后，在 100 mL 容量瓶中定容并摇匀，使用时稀释至所需浓度，此试剂使用 1 周左右后需重新配制。

四、实验步骤

1. 金纳米粒子溶液的制备　在 100 mL 锥形瓶中先后加入 35 mL 超纯水和 0.5 mL 25 mmol·L^{-1} 氯金酸溶液，混匀后加热。溶液沸腾后，迅速加入 1.25 mL 38.8 mmol·L^{-1} 柠檬酸钠溶液，摇匀，待溶液变色后，继续加热 5 min，溶液冷却至室温，最后放入 4℃冰箱中保存备用。

2. 尿酸标准曲线的测定　取 5 支 10 mL 的洁净比色管，分别向其中加入 1.0 mL 3.0 μmol·L^{-1} 三聚氰胺溶液，1.0 mL 10 mmol·L^{-1} 乙酸-乙酸钠缓冲溶液，分别加入 0 μL、20 μL、30 μL、40 μL 和 50 μL 10 μmol·L^{-1} 尿酸溶液，摇匀，再加入 1.0 mL 上述制备的金纳米粒子溶液，并用超纯水定容至 5 mL，摇匀，取溶液置入石英比色皿中，观察颜色变化并记录紫外-可见吸收光谱图。

3. 样品中尿酸的测定　取一支 10 mL 的洁净比色管，向其中加入 1.0 mL 3.0 μmol·L^{-1} 三聚氰胺溶液、1.0 mL 10 mmol·L^{-1} 乙酸-乙酸钠缓冲溶液、50 μL 未知浓度的尿酸样品溶液，摇匀，再加入 1.0 mL 上述制备的金纳米粒子溶液，并用超纯水定容至 5 mL，摇匀，取溶液置入石英比色皿中，观察颜色变化并记录紫外-可见吸收光谱图。

注意事项：

（1）氯金酸具有一定腐蚀性，可能导致皮肤过敏或灼伤，实验过程中注意戴好防护手套、口罩和防护面具。

（2）玻璃器皿要经过酸洗、干燥处理。避免因玻璃器皿上存在少量污染导致金纳米粒团聚，从而影响实验结果。

（3）实验涉及电炉等高温装置，操作需要佩戴棉纱手套，预防喷溅和灼伤。

五、数据处理

根据紫外-可见分光光度计的扫描数据，利用 Origin 软件绘制加入不同体积尿素溶液后，金纳米粒子溶液的紫外-可见吸收光谱图。观察 650 nm 和 520 nm 处吸光度的变化，计算各组 A_{650}/A_{520} 的值。以该值为纵坐标，尿酸浓度为横坐标，绘制标准曲线。根据尿酸样品溶液的吸光度 A_{650}/A_{520} 比值，对照标准曲线，计算尿酸样品中尿酸的浓度。

六、思考题

1. 溶液的 pH 对实验有何影响？

2. A_{650}/A_{520} 值与金纳米粒子的聚集程度及溶液颜色的变化有何关系？

实验 33　光散射法测定凝血酶活性

一、实验目的

1. 了解光散射法的基本原理。

2. 学习使用散射用荧光仪。

3. 了解纤维蛋白原与凝血酶的反应机制。

二、实验原理

凝血酶（thrombin）是一种丝氨酸蛋白酶，也是血液凝血级联反应中的主要效应蛋白酶，显现出促凝和抗凝的特性。凝血酶是由凝血酶原复合物中的非活性凝血酶原在 Xa 因子的作用下通过蛋白裂解方式产生的。当循环凝血因子在暴露的血管外组织与组织因子接触时，凝血酶会在组织上聚集。凝血酶通过激活血小板，催化纤维蛋白原转化为纤维蛋白，促进血块稳定而在血栓性疾病的引发和发展上产生核心作用。

本实验采用光散射法检测凝血酶活性（图 7-6），其原理是在一定浓度的纤维蛋白原（fibrinogen）溶液中，加入一定量的凝血酶，凝血酶催化底物纤维蛋白原转化为纤维蛋白，聚集引起光散射强度的变化，光散射强度的变化速度与加入的凝血酶量成正比。监测在 480 nm 处光散射强度的变化，取其最大斜率在一定时间（如 1 min）内的截距计算该酶的活力（图 7-7）。

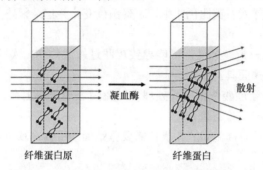

图 7-6　光散射法检测凝血酶活性的原理示意图

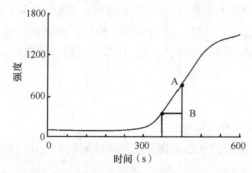

图 7-7　光散射强度随时间变化的 S 形曲线

三、实验仪器与试剂

1. 仪器　散射用荧光仪、分析天平、恒温水浴锅、离心管。

2. 试剂　三羟甲基氨基甲烷（Tris，CAS No. 77-86-1，MW 121.14）、HCl、NaCl、纤维蛋白原（MW 340 000，纯度为 93%）、凝血酶（EC 3.4.21.5，101 NIH U/mg）、蒸馏水。

3. 溶液　Tris-HCl 缓冲液（0.05 mol·L^{-1}，pH 7.2）：分别移取 50 mL 0.1 mol·L^{-1} Tris 溶液和 44.7 mL 0.1 mol·L^{-1} HCl 溶液于 100 mL 容量瓶中，加水定容至 100 mL。

Tris 溶液（0.1 mol·L^{-1}）：称取 1.21 g Tris 溶于 100 mL 水中。

HCl 溶液（0.1 mol·L^{-1}）：量取 833 μL 12 mol·L^{-1} HCl 溶液加到 100 mL 水中。

四、实验步骤

1. 纤维蛋白原的配制

（1）NaCl Tris-HCl 缓冲液（0.05 mol·L^{-1}）：称取 0.2925 g 的 NaCl 溶于 100 mL 的 Tris-HCl 缓冲液（pH 7.2，0.05 mol·L^{-1}），配制成含 0.05 mol·L^{-1} NaCl 的 Tris-HCl 缓冲液。

（2）纤维蛋白原溶液（1.2 μmol·L^{-1}）：称取 0.0439 g 的纤维蛋白原溶于 100 mL 含 0.05 mol·L^{-1} NaCl 的 Tris-HCl 缓冲液中，所得纤维蛋白原的浓度为 1.2 μmol·L^{-1}，25℃保温 8 min 以上。

2. 标准曲线的绘制　称取 1.0 mg 凝血酶溶于 1 mL 水中得 $1×10^5$ U·L^{-1} 凝血酶溶液。移取 10 μL $1×10^5$ U·L^{-1} 凝血酶溶液于 1 mL 离心管中，加 990 μL Tris-HCl 缓冲液，得 $1×10^3$ U·L^{-1} 凝血酶溶液。在 7 个离心管中，分别加入 0 μL、5 μL、10 μL、15 μL、20 μL、25 μL、30 μL 的 $1×10^3$ U·L^{-1} 凝血酶溶液，加入 Tris-HCl 缓冲液使体积为 1 mL，制成浓度分别为 0 U·L^{-1}、5 U·L^{-1}、10 U·L^{-1}、15 U·L^{-1}、20 U·L^{-1}、25 U·L^{-1}、30 U·L^{-1} 的凝血酶标准溶液。

取 2 mL 含 1.2 μmol·L^{-1} 纤维蛋白原和含 0.05 mol·L^{-1} NaCl 的 Tris-HCl 缓冲液，加入石英比色皿中，再分别加入 20 μL 活性分别为 0 U·L^{-1}、5 U·L^{-1}、10 U·L^{-1}、15 U·L^{-1}、20 U·L^{-1}、25 U·L^{-1}、30 U·L^{-1} 的凝血酶溶液，入射光和散射光的波长选在 480 nm，立即在荧光仪上每隔 5 s 测定光散射强度，测定 10 min。

3. 样品测定　取 2 mL 含 1.2 μmol·L^{-1} 纤维蛋白原和含 0.05 mol·L^{-1} NaCl 的 Tris-HCl 缓冲液，加入石英比色皿中，再加入 20 μL 凝血酶样品，入射光和散射光的波长选在 480 nm，立即在荧光仪上每隔 5 s 测定光散射强度，测定 10 min。

注意事项：纤维蛋白原和凝血酶须现配现用。

五、实验数据处理

以凝血酶浓度为横坐标，最大斜率处每分钟光散射强度变化值为纵坐标，绘制标准曲线，计算回归方程和相关系数。根据样品的光散射强度和标准曲线，计算样品中凝血酶的活性（平均值 ± 标准差）。

六、思考题

1. 光散射法测凝血酶活性的原理是什么？

2. 说明纤维蛋白原与凝血酶的反应机制。

参 考 文 献

陈国桦，陈昌云，2015. 仪器分析实验. 2 版. 南京：南京大学出版社.

韩迎春，赵丽华，龚时琼，等，2018. 荧光测定阿司匹林肠溶片中水杨酸实验的绿色化. 实验室科学，21(4)：4-7.

侯方妮，杜彦山，张志国，等，2009. 婴幼儿配方乳粉中 IgG 活性质量浓度的测定. 中国乳品工业，37(1)：54-57.

李雅江，赵朝贤，2014. 临床生物化学检验实验. 武汉：华中科技大学出版社.

李志富，干宁，颜军，2012. 仪器分析实验. 武汉：华中科技大学出版社.

林金明，赵利霞，王栩，2008. 化学发光免疫分析. 北京：化学工业出版社.

王建清，徐丽红，张玉，等，2014. 鲁米诺化学发光法测定食品中的亚硫酸盐. 食品科学技术学报，32(1)：65-68.